Lecture Notes in Mathematics

Edited by A. Dold and B. Eckmann

519

Jean Schmets

Espaces de Fonctions Continues

Springer-Verlag
Berlin · Heidelberg · New York 1976

Author
Jean Schmets
Institut de Mathématique
Université de Liège
Avenue des Tilleuls 15
B-4000 Liège

Library of Congress Cataloging in Publication Data

Schmets, Jean, 1940-
Espaces de fonctions continues.

(Lecture notes in mathematics ; 519)
Bibliography: p.
Includes index.
1. Function spaces. 2. Functions, Continuous.
3. Linear topological spaces. I. Title. II. Series:
Lectures notes in mathematics (Berlin) ; 519.
QA3.L28 no. 519 [QA323] 510'.8s [515'.73] 76-10661

AMS Subject Classifications (1970): 46A07, 46A08, 46E10

ISBN 3-540-07694-8 Springer-Verlag Berlin · Heidelberg · New York
ISBN 0-387-07694-8 Springer-Verlag New York · Heidelberg · Berlin

Printed in Germany

Printing and binding: Beltz Offsetdruck, Hemsbach/Bergstr.

TABLE DES MATIERES

CHAPITRE III : ESPACES ASSOCIES AUX ESPACES DE FONCTIONS CONTINUES

CHAPITRE IV : CONDITIONS DE SEPARABILITE ET DE COMPACITE FAIBLE

CHAPITRE V : APPLICATION AUX ESPACES DE FONCTIONS CONTINUES VECTORIELLES

INTRODUCTION

Ce travail présente une synthèse et une généralisation de nos articles repris dans la bibliographie sous les numéros 7, 14, 15, 22, 37 et 40 à 47, dont certains ont été publiés en collaboration avec H. Buchwalter, M. De Wilde, D. Gulick ou K. Noureddine.

Son but principal est d'étudier les espaces de fonctions continues et, plus particulièrement, de caractériser les espaces qui leur sont associés.

Depuis longtemps, les espaces de fonctions continues constituent un champ d'application privilégié de l'analyse fonctionnelle. En outre, il s'avère que les problèmes qu'on y rencontre ont de profondes répercussions sur la théorie des espaces linéaires à semi-normes : les méthodes utilisées dans leur étude deviennent souvent une source de résultats intéressants pour la théorie générale. En fait, ils conditionnent une partie importante de l'analyse fonctionnelle.

Etant donné un espace linéaire à semi-normes E, l'espace tonnelé associé à E est, en quelque sorte, l'espace tonnelé F "le plus voisin" de E. La détermination d'un tel espace associé est importante. En effet, de nombreux résultats concernant F s'obtiennent directement à partir de la théorie générale et la parenté entre F et E permet bien souvent de lier les propriétés de ces deux espaces. Il en est ainsi pour la continuité des opérateurs linéaires et pour la complétion et la bornation de parties de E. De plus, la caractérisation de F permet de préciser ce qui manque au système de semi-normes de E pour que E soit tonnelé.

En fait, nous considérons les espaces associés aux espaces de fonctions continues dans les cas suivants : ultrabornologique, bornologique, tonnelé, d-tonnelé, σ-tonnelé, évaluable, d-évaluable ou σ-évaluable. Les propriétés correspondantes d'ultrabornologie, de bornologie,... jouent un rôle essentiel dans la théorie des espaces linéaires à semi-normes car elles interviennent dans la description des voisinages de l'origine, dans les conditions de complétion et de bornation de parties du dual et dans la continuité des opérateurs linéaires.

Notre contribution à la théorie des espaces de fonctions continues et à celle des espaces associés est précisée dans les paragraphes qui suivent.

*
* *

L'introduction des espaces associés à un espace linéaire à semi-normes général remonte à Y. Komura ([30],1962). De même que A. Robert ([38],1967), Y. Komura a surtout envisagé le cas tonnelé. Ensuite H. Buchwalter ([5],1972) a considéré celui des espaces ultrabornologiques et K. Noureddine ([36],1972) celui des espaces évaluables. Nous avons alors étudié avec K. Noureddine ([37],1973) les cas d-tonnelé, σ-tonnelé, d-évaluable et σ-évaluable.

Décrivons maintenant l'évolution de la théorie des espaces linéaires à semi-normes constitués de fonctions continues.

Désignons par X un espace complètement régulier et séparé et notons respectivement $\mathscr{C}(X)$ et $\mathscr{C}^b(X)$ les espaces des fonctions continues et des fonctions continues et bornées sur X.

L. Nachbin ([35],1954) et T. Shirota ([51],1954) ont établi des critères portant sur X pour que l'espace $C_c(X)$ soit bornologique ou tonnelé, c'est-à-dire l'espace $\mathscr{C}(X)$ muni des semi-normes de la convergence uniforme sur les parties compactes de X. Ensuite S. Warner ([58],1958) a caractérisé les espaces X pour lesquels $C_c(X)$ est évaluable. Onze ans plus tard, H. Buchwalter [4] a décrit l'espace tonnelé associé à $C_c(X)$, au moyen des parties bornantes de X et du μ-espace associé à X. En 1971, nous avons obtenu des critères pour que $C_c(X)$ soit d-tonnelé, σ-tonnelé, d-évaluable ou σ-évaluable ([40],[41]). Puis encore en 1971, avec M. De Wilde [14], nous avons caractérisé les cas où $C_c(X)$ est ultrabornologique. Se basant sur ce résultat, H. Buchwalter ([5],1972) a alors obtenu l'espace ultrabornologique associé à $C_c(X)$.

C'est à partir de ce moment que l'attention s'est portée fondamentalement sur l'espace $\mathscr{C}(X)$ muni des semi-normes de la convergence uniforme sur les éléments d'un recouvrement adéquat $\mathscr{P}$ de X. Avec H. Buchwalter ([7],1972), nous avons montré que les espaces ultrabornologiques associés à $C_c(X)$ et à $\mathscr{C}(X)$ muni de la convergence ponctuelle coïncident et qu'il en est de même pour les espaces tonnelés associés. De plus, nous avons caractérisé l'espace bornologique associé à $C_c(X)$. Ensuite H. Buchwalter et K. Noureddine ([6],1972) ont décrit les espaces bornologique et évaluable associés relatifs aux systèmes de semi-normes déterminés par une famille $\mathscr{P}$ et, avec K. Noureddine, ([37],1973), nous avons obtenu des résultats analogues pour les espaces d-tonnelé, σ-tonnelé, d-évaluable et σ-évaluable associés.

En 1973, nous avons envisagé l'espace $\mathscr{C}^b(X)$ et avons résolu les problèmes correspondants lorsque les semi-normes de $\mathscr{C}^b(X)$ sont déterminées par un recouvrement convenable $\mathscr{Q}$ de X, [43].

A ce stade, restait en suspens la question de considérer un recouvrement adéquat $\mathscr{P}$ ou $\mathscr{Q}$ non plus de X, mais bien d'une partie dense de X. Voici l'état de nos recherches dans cette direction. Nos résultats sur les espaces associés viennent de paraître dans les Mathematische Annalen [46] et nos travaux sur les notions de compacité dans les Bonner Mathematische Schriften [47]. En outre, nous avons complété les propriétés concernant la séparabilité, obtenues avec D. Gulick, dans une note qui vient d'être publiée dans le Journal of the London Mathematical Society [45].

Dans le présent travail, notre point de vue est encore plus général : nous étudions le cas d'un recouvrement adéquat d'une partie dense de υX pour l'espace $\mathscr{C}(X)$ et de βX pour l'espace $\mathscr{C}^b(X)$, où υX désigne le replété de X et βX le compactifié de Stone-Čech de X, c'est-à-dire en quelque sorte les espaces les plus grands qui contiennent X et pour lesquels on a encore les égalités $\mathscr{C}(X) = \mathscr{C}(\upsilon X)$ et $\mathscr{C}^b(X) = \mathscr{C}^b(\beta X)$.

*

* *

Décrivons succinctement le contenu de ce travail.

Dans les préliminaires, nous rappelons brièvement quelques résultats relatifs aux espaces d-tonnelés, σ-tonnelés, d-évaluables ou σ-évaluables. Nous montrons notamment l'indépendance et l'autonomie de ces notions ([42], 1973).

Au chapitre I, nous caractérisons et comparons les différents espaces associés à un espace linéaire à semi-normes. Nous en étudions les propriétés et nous nous attardons au cas des espaces associés à un sous-espace linéaire dense ou de codimension finie; nous montrons l'importance de l'existence d'un ordre linéaire dans le cas bornologique.

Le chapitre II est consacré aux espaces complètement réguliers et séparés X et aux espaces de fonctions continues. Le compactifié de Stone-Čech βX, le replété υX et le μ-espace associés à X font l'objet d'un bref rappel. Nous introduisons ensuite les espaces $[\mathscr{C}(X),\mathscr{P}]$ et $[\mathscr{C}^b(X),\mathscr{Q}]$. Ce sont les espaces $\mathscr{C}(X)$ et $\mathscr{C}^b(X)$ munis des systèmes de semi-normes de convergence uniforme les plus généraux : $\mathscr{P}$ et $\mathscr{Q}$ sont des recouvrements adéquats de parties denses respectivement de υX et de βX, condition minimale indispensable pour obtenir des systèmes de semi-normes. Cela étant, nous introduisons les espaces $\upsilon_Y X$ et $\mu_Y X$, où Y désigne une partie dense de υX, et nous en étudions les propriétés. En particulier, nous établissons que l'égalité $\upsilon_Y X = \upsilon X$ a lieu dans ce nombreux cas usuels et nous montrons qu'en général $\mu_Y X$ diffère de μX. Ensuite nous généralisons le concept de famille saturée associée à une famille de parties de X au cas d'une famille $\mathscr{P}$.

Dans le chapitre III, le plus important de ce travail, nous caractérisons les espaces associés à $[C(X),\mathscr{P}]$ et à $[C^b(X),\mathscr{Q}]$. Le recours aux familles $\mathscr{P}$ et $\mathscr{Q}$ nous permet non seulement de retrouver tous les résultats connus, mais encore d'en préciser les limites. C'est ainsi que nous établissons que $C_c(\upsilon X)$ est encore l'espace ultrabornologique associé à $[C(X),\mathscr{P}]$ si $\mathscr{P}$ est un recouvrement adéquat d'une partie dense d'un espace métrisable X ou un recouvrement adéquat quelconque lorsque X est localement compact, pseudo-compact ou encore un P-espace. De plus, nous montrons que $C_c(\mu X)$ peut ne pas être l'espace tonnelé associé à $[C(X),\mathscr{P}]$. Concernant la plupart des espaces associés à $[C^b(X),\mathscr{Q}]$, les méthodes qui recourent aux sous-espaces de codimension dénombrable ne sont pas applicables car $\mathscr{C}^b(X)$ n'est de codimension dénombrable dans $\mathscr{C}(X)$ que si $\mathscr{C}^b(X)$ égale $\mathscr{C}(X)$. Aussi, par exemple, pour obtenir les espaces évaluable et bornologique associés à $[C^b(X),\mathscr{P}]$, nous avons mis au point une méthode générale basée sur les liens qui existent entre les bornés de $[C(X),\mathscr{P}]$ et de $[C^b(X),\mathscr{P}]$ et entre les ordres linéaires naturels de ces espaces.

Le chapitre IV est consacré à l'étude de la séparabilité, de la séparabilité par semi-norme et des différentes notions de compacité dans les espaces $[C(X),\mathscr{P}]$ et $[C^b(X),\mathscr{Q}]$. Nous mettons notamment en évidence une relation étroite entre les semi-normes fonctions pour lesquelles $\mathscr{C}^b(X)$ est séparable et les semi-normes sous-strictes. En outre, nous établissons des théorèmes de renforcement des notions de compacité, d'extractabilité et de dénombrable compacité pour le système des semi-normes ponctuelles aux notions analogues pour le système des semi-normes faibles.

Le chapitre V concerne la recherche des espaces associés aux espaces de fonctions continues à valeurs dans un espace linéaire à semi-normes. Nous avons commencé cette étude pendant notre séjour en mai 1974 à l'University of Maryland, en collaboration avec D. Gulick, puis nous avons continué seul ces travaux, notamment en ce qui concerne la bornologie. Nous avons surtout envisagé le cas où l'espace est muni des semi-normes ponctuelles.

*

*   *

Dans ce travail, nous nous plaçons dans le cadre des espaces linéaires à semi-normes -ou espaces vectoriels topologiques localement convexes et séparés- tels qu'ils sont étudiés dans [17]. Cependant nous n'avons pu conserver le point de vue constructif adopté dans cet ouvrage, nos résultats étant subordonnés à l'usage de l'axiome de Zorn.

Nous adoptons la terminologie habituelle. Les définitions et notations dont l'acception varie selon les auteurs ou dont l'usage n'est pas courant sont rappelées explicitement dans le texte et font l'objet d'un index terminologique et d'un index des notations.

Enfin nous nous sommes attaché à indiquer de façon précise la provenance ou la parenté des différents résultats au moyen de références à la bibliographie.

*

*   *

Nous sommes redevable à Monsieur le Professeur H.G. Garnir de notre formation en analyse fonctionnelle. Les nombreuses discussions que nous avons eues avec lui nous ont été une stimulation constante. Nous sommes heureux de lui exprimer ici notre profonde reconnaissance.

Nous avons eu avec Monsieur le Professeur M. De Wilde maintes discussions profitables et l'intérêt qu'il a marqué à nos travaux nous a beaucoup encouragé. Nous l'en remercions très vivement.

Nous remercions également Messieurs les Professeurs H. Buchwalter, D. Gulick et K. Noureddine pour l'échange constant d'idées que nous avons eu avec eux.

Enfin nous désirons remercier l'Université de Liège, où nous avons eu l'avantage de poursuivre nos études et d'acquérir notre formation scientifique, le Fonds National de la Recherche Scientifique et l'University of Maryland. Ces institutions nous ont accordé des facilités de travail dont nous avons grandement profité.

Mesdames Naa et Streel ont réalisé, à différents stades, la frappe de ce texte. Nous tenons à les remercier pour le soin et la dextérité qu'elles ont apportés à cette tâche.

PRELIMINAIRES

On introduit dans ces préliminaires les notions d'espaces d-tonnelé ou σ-tonnelé, ainsi que celles d'espaces d-évaluable ou σ-évaluable. On les compare aux notions bien connues d'espaces ultrabornologique, bornologique, tonnelé ou évaluable.

P.1. Espaces linéaires à semi-normes

Dans tout ce travail, nous nous plaçons dans le cadre des espaces linéaires à semi-normes ou espaces vectoriels topologiques localement convexes et séparés. En ce qui concerne leur étude, nous renvoyons à [17]; on y trouve une étude autonome et constructive de ces espaces, à partir des systèmes de semi-normes. Cependant, nous n'adoptons pas ici le point de vue constructif.

Pour un lecteur qui adopte le point de vue topologique, voici un bref rappel qui permet de fixer le langage et les notations.

DEFINITIONS P.1.1. Un espace linéaire à semi-normes est un espace vectoriel topologique localement convexe et séparé dont on caractérise la topologie par un système de semi-normes, c'est-à-dire une famille filtrante et séparante de semi-normes.

Si E est un espace linéaire et si P est un système de semi-normes sur E, on note (E,P), ou même E si aucune confusion sur P n'est possible, l'espace linéaire à semi-normes qui en résulte; P en est le système de semi-normes.

La comparaison des topologies s'exprime aisément par des inégalités si on recourt aux systèmes de semi-normes. Soient P et Q deux systèmes de semi-normes sur un espace linéaire E et désignons par τ_P et τ_Q les topologies localement convexes et séparées associées respectivement à P et Q. Alors P est plus fort que Q sur E, ce qu'on note $P \geq Q$, si τ_P est plus fin que τ_Q. De plus, on a $P \geq Q$ si et seulement si, pour tout $q \in Q$, il existe $p \in P$ et $C > 0$ tel que

$$q(f) \leq C\, p(f), \forall f \in E.$$

Si P est plus fort que Q sur E, on dit également que Q est plus faible que P sur E et on note alors $Q \leq P$. Si P est à la fois plus fort et plus faible que Q sur E, on dit que P et Q sont équivalents sur E et on note $P \simeq Q$.

Si p est une semi-norme sur l'espace linéaire E, on appelle semi-boule ouverte (resp. fermée) de centre $f \in E$, de rayon $r > 0$ et de semi-norme p l'ensemble

$$b_p(f,r) = \{g \in E: p(f-g) < r\} \quad [\text{resp. } \{g \in E: p(f-g) \leq r\}].$$

Si f égale 0, on écrit également $b_p(r)$ et même b_p si en outre r est égal à 1, à la place de $b_p(f,r)$, en ajoutant un des qualificatifs ouvert ou fermé selon le cas.

Rappelons qu'une base des voisinages de 0 pour la topologie τ_P est donnée par la famille des ensembles

$$b_p(0,r), \quad (p \in P, \ r \in]0,+\infty[).$$

Si, étant donné un espace linéaire à semi-normes (E,P), nous parlons de semi-normes ou de semi-boules, il s'agit, sauf mention explicite du contraire, d'éléments de P et de semi-boules définies au moyen d'éléments de P.

Bien entendu, (E,P) est séparable s'il existe une partie dénombrable D de E, dense dans (E,P). Il est séparable par semi-norme si, pour tout $p \in P$, il existe une partie dénombrable D_p de E telle que, pour tout $f \in E$, il existe une suite $f_n \in D_p$ pour laquelle $p(f-f_n)$ converge vers 0.

Nous désignons par E^{*alg} le dual algébrique de E et par $(E,P)^*$ le dual (sous-entendu topologique) de (E,P). L'espace $(E,P)^*$ est donc l'ensemble des fonctionnelles linéaires continues sur (E,P) -appelées fonctionnelles linéaires bornées sur (E,P) dans [17]- c'est-à-dire l'ensemble des $\mathcal{T} \in E^{*alg}$ pour lesquels il existe $p \in P$ et $C > 0$ tels que

$$|\mathcal{T}(f)| \leq C\, p(f), \ \forall f \in E.$$

Si B est un borné de E, la loi p_B définie sur E^* par

$$p_B(\mathcal{T}) = \sup_{f \in B} |\mathcal{T}(f)|, \ \forall \mathcal{T} \in E^*,$$

est une semi-norme sur E^*.

Nous notons E^*_s (resp. E^*_b) le dual simple (resp. fort) de E, c'est-à-dire E* muni du système des semi-normes p_B lorsque B parcourt la famille des parties finies (resp. bornées) de E : c'est E* muni de la topologie $\sigma(E^*,E)$ [resp. $\beta(E^*,E)$]. Plus généralement, si $\mathcal{F}$ est un recouvrement de E, constitué de bornés de E et tel que toute union finie d'éléments de $\mathcal{F}$ soit incluse dans un élément de $\mathcal{F}$, alors $\{p_B : B \in \mathcal{F}\}$ est un système de semi-normes sur E*, donnant lieu à l'espace $E^*_{\mathcal{F}}$.

De même, si $\mathcal{B}$ est borné dans E^*_s, la loi $p_{\mathcal{B}}$ définie sur E par

$$p_{\mathcal{B}}(f) = \sup_{\tau \in \mathcal{B}} |\tau(f)| , \forall f \in E,$$

est une semi-norme sur E.

Nous notons E_a (resp. E_τ) l'espace affaibli (resp. de Mackey) associé à E, c'est-à-dire E muni du système des semi-normes $p_{\mathcal{B}}$ lorsque $\mathcal{B}$ parcourt la famille des parties finies (resp. absolument convexes et compactes) de E^*_s : c'est E muni de la topologie $\sigma(E,E^*)$ [resp. $\tau(E,E^*)$].

P.2. Espaces tonnelés, espaces évaluables,...

DEFINITIONS P.2.1. Certaines propriétés localement convexes peuvent être introduites au moyen des limites inductives.

C'est ainsi qu' un espace linéaire à semi-normes est ultrabornologique s'il est limite inductive d'espaces de Banach et qu'il est bornologique s'il est limite inductive d'espaces normés.

Cependant ces propriétés, ainsi que beaucoup d'autres, peuvent également être définies au moyen d'ensembles absolument convexes particuliers. Rappelons ces définitions uniquement pour les cas que nous allons considérer dans la suite.

L'espace E est ultrabornologique si et seulement si tout ensemble absolument convexe qui absorbe tout compact absolument convexe est voisinage de 0. Il est bornologique si et seulement si tout ensemble absolument convexe bornivore est voisinage de 0.

Pour les autres définitions, on a recours aux ensembles absolument convexes absorbants suivants :

a) les tonneaux : un tonneau de E est un ensemble absolument convexe, fermé et absorbant.

b) les d-tonneaux : un d-tonneau de E est un ensemble absorbant qui est intersection dénombrable de voisinages absolument convexes et fermés de 0.

c) les σ-tonneaux : un <u>σ-tonneau de</u> E est un ensemble absorbant qui est intersection dénombrable de semi-boules fermées de centre 0 de E_a.

Cela étant, l'espace E est

- <u>tonnelé</u> si tout tonneau de E est voisinage de 0.
- <u>d-tonnelé</u> si tout d-tonneau de E est voisinage de 0.
- <u>σ-tonnelé</u> si tout σ-tonneau de E est voisinage de 0.
- <u>évaluable</u> si tout tonneau bornivore de E est voisinage de 0.
- <u>d-évaluable</u> si tout d-tonneau bornivore de E est voisinage de 0.
- <u>σ-évaluable</u> si tout σ-tonneau bornivore de E est voisinage de 0.

REMARQUE P.2.2. C'est pour éviter toute confusion que nous utilisons le terme évaluable de préférence à <u>infratonnelé</u> [2], [27], [39] ou à <u>quasi-tonnelé</u> [20], [31], cela d'autant plus qu'infratonnelé a été utilisé également pour qualifier les espaces que nous appelons d-tonnelés [13].

Il est bon de connaître la caractérisation de ces propriétés au moyen du dual.

L'espace E est tonnelé (resp. évaluable) si et seulement si tout borné de E_s^* (resp. E_b^*) est équicontinu. Il est d-tonnelé (resp. d-évaluable) si et seulement si tout borné de E_s^* (resp. E_b^*), qui est union dénombrable de parties équicontinues, est équicontinu. Enfin il est σ-tonnelé (resp. σ-évaluable) si et seulement si toute suite bornée de E_s^* (resp. E_b^*) est équicontinue.

Parmi les caractérisations des espaces bornologiques, rappelons les suivantes, que nous utiliserons à différentes reprises.

Un espace linéaire à semi-normes E est bornologique si et seulement s'il est de Mackey et tel que toute fonctionnelle linéaire sur E qui est bornée sur les bornés de E soit continue. Un espace linéaire à semi-normes E est bornologique si et seulement s'il est de Mackey et si son dual est complet pour le système des semi-normes de la convergence uniforme sur les suites $f_n \in E$ pour lesquelles il existe une suite $r_n > 0$ telle que $r_n \to +\infty$ et que $r_n f_n$ converge vers 0 dans E.

Il est possible de caractériser les espaces ultrabornologiques au moyen de l'absorption de certains bornés.

A cet effet, rappelons que, si B est un borné absolument convexe de E, la jauge $\|\cdot\|_B$ définie sur l'enveloppe linéaire $\rangle B\langle$ de B par

$$\|f\|_B = \inf\{r > 0 : f \in rB\}, \forall f \in \rangle B\langle,$$

est une norme sur $>B<$, plus forte que le système de semi-normes induit par E. On note E_B l'espace normé ($>B<$, $\|\cdot\|_B$) ainsi obtenu et B est dit <u>complétant</u> si E_B est un espace de Banach. Cela étant, l'espace E est ultrabornologique si et seulement si tout ensemble absolument convexe qui absorbe tout borné absolument convexe complétant de E est un voisinage de 0.

P.3. <u>Relations entre ces espaces</u>

La théorie des espaces ultrabornologiques, bornologiques, tonnelés ou évaluables est bien connue.

En ce qui concerne les espaces d-tonnelés, σ-tonnelés, d-évaluables ou σ-évaluables, nous renvoyons à [11], [13], [28] et [55]. Voici cependant quelques résultats concernant ces derniers espaces, qui nous sont indispensables dans la suite. Les propositions P.3.2 et P.3.5 donnent des propriétés de renforcement; elles trouveront leur justification au paragraphe suivant.

PROPOSITION P.3.1. <u>Toute limite inductive séparée d'espaces ultrabornologiques</u> (resp. <u>bornologiques</u>; <u>tonnelés</u>; d-<u>tonnelés</u>; σ-<u>tonnelés</u>; <u>évaluables</u>; d-<u>évaluables</u>; σ-<u>évaluables</u>) <u>est un espace ultrabornologique</u> (resp. <u>bornologique</u>; <u>tonnelé</u>; d-<u>tonnelé</u>; σ-<u>tonnelé</u>; <u>évaluable</u>; d-<u>évaluable</u>; σ-<u>évaluable</u>).

<u>Preuve</u>. La propriété est bien connue dans le cas d'espaces ultrabornologiques, bornologiques, tonnelés ou évaluables.

Soient alors E_i, ($i \in I$), des espaces linéaires à semi-normes dont la limite inductive E est séparée.

Alors, si θ est un d-tonneau de E, pour tout $i \in I$, $\theta \cap E_i$ est évidemment un d-tonneau de E_i. Si θ est un σ-tonneau de E, pour tout $i \in I$, la restriction de $\tau \in E^*$ à E_i appartient à $(E_i)^*$ et ainsi $\theta \cap E_i$ est un σ-tonneau de E_i. Enfin, si θ est bornivore dans E, pour tout $i \in I$, $\theta \cap E_i$ est bornivore dans E_i car tout borné de E_i est borné dans E. La conclusion s'ensuit aussitôt. □

PROPOSITION P.3.2.

a) ([40], [41]). <u>Si</u> E <u>est</u> σ-<u>tonnelé</u> (resp. σ-<u>évaluable</u>) <u>et séparable par semi-norme, il est</u> d-<u>tonnelé</u> (resp. d-<u>évaluable</u>).

b) ([13]). <u>Si</u> E <u>est</u> σ-<u>tonnelé</u> (resp. σ-<u>évaluable</u>) <u>et séparable, il est tonnelé</u> (resp. <u>évaluable</u>).

<u>Preuve de</u> a). Soit $\mathcal{B}_n$ une suite d'ensembles équicontinus dans E dont l'union $\mathcal{B}$ est bornée dans E_s^* (resp. E_b^*). Prouvons que $\mathcal{B}$ est équicontinu.

Etablissons tout d'abord que, comme E est séparable par semi-norme, tout ensemble équicontinu $\mathcal{K}$ dans E contient une partie dénombrable s-dense dans $\mathcal{K}$. De fait, l'adhérence $\bar{\mathcal{K}}$ de $\mathcal{K}$ dans E_s^* est encore équicontinue sur E : il existe donc une semi-norme p de E telle que

$$\bar{\mathcal{K}} \subset \{\mathfrak{T} : |\mathfrak{T}(f)| \leqslant C\, p(f), \forall f \in E\}.$$

Mais alors, dans le compact $\bar{\mathcal{K}}$ de E_s^*, la topologie déterminée par les semi-normes

$$\sup_{f \in A} |\mathfrak{T}(f)|, \quad \forall \mathfrak{T} \in E^*,$$

lorsque A parcourt l'ensemble des parties finies d'un ensemble dénombrable dense pour p dans E, est métrisable, séparante et plus faible, donc équivalente à celle de E_s^*.

De là, $\mathcal{B} = \bigcup_{n=1}^{\infty} \mathcal{B}_n$ contient un ensemble $\mathcal{D}$ dénombrable et s-dense. Cet ensemble $\mathcal{D}$ est donc équicontinu dans E car, comme partie de $\mathcal{B}$, il est borné dans E_s^* (resp. E_b^*). D'où la conclusion car l'adhérence dans E_s^* d'un ensemble équicontinu sur E est équicontinue sur E. □

<u>Preuve de</u> b). Soit $\mathcal{B}$ un borné de E_s^* (resp. E_b^*) et soit D un ensemble dénombrable dense dans E. Alors, dans E*, les semi-normes

$$\sup_{f \in A} |\mathfrak{T}(f)|, \quad \forall \mathfrak{T} \in E^*,$$

lorsque A parcourt la famille des parties finies de D, constituent un système dénombrable de semi-normes, plus faible que celui de E_s^*; soit Q ce système.

De là, $\mathcal{B}$ contient une partie dénombrable $\mathcal{D}$ dense dans $\mathcal{B}$ pour Q. On en déduit que $\mathcal{D}$ est équicontinu, ainsi que son adhérence $\bar{\mathcal{D}}$ dans E_s^*. D'où la conclusion car, dans tout ensemble équicontinu, Q est uniformément équivalent au système de semi-normes de E_s^*. □

PROPOSITION P.3.3. Tout espace σ-tonnelé et évaluable (resp. d-évaluable) est tonnelé (resp. d-tonnelé).

Preuve. Comme l'espace E est évaluable (resp. d-évaluable), il suffit d'établir que tout borné $\mathcal{B}$ de E_s^* est borné dans E_b^*. Si ce n'est pas le cas, il existe une suite $\mathcal{T}_n \in \mathcal{B}$ qui n'est pas bornée dans E_b^*, ce qui est absurde car E est σ-tonnelé. □

Un recouvrement $\mathcal{R}$ d'une partie d'un espace linéaire à semi-normes est relativement compact (resp. absolument convexe) si chacun de ses éléments est relativement compact (resp. absolument convexe).

PROPOSITION P.3.4. [7]. Si E est évaluable, les assertions suivantes sont équivalentes :

(a) E est tonnelé, d-tonnelé ou σ-tonnelé.

$(b)_{\mathcal{F}}$ si $\mathcal{F}$ est un recouvrement relativement compact et absolument convexe de E_a tel que toute union finie d'éléments de $\mathcal{F}$ soit incluse dans un élément de $\mathcal{F}$, alors $E_{\mathcal{F}}^*$ est quasi-complet ou sq-complet.

(c) la bornologie de E_s^* est complétante.

(d) tout ensemble relativement compact de E_s^* est borné dans E_b^*.

(e) toute suite convergente vers 0 dans E_s^* est bornée dans E_b^*.

Preuve. Etablissons tout d'abord que les propriétés reprises sous (a) sont équivalentes lorsque E est évaluable. Bien sûr, tout espace tonnelé est d-tonnelé et tout espace d-tonnelé est σ-tonnelé. La conclusion s'obtient alors au moyen de la proposition précédente.

Cela étant, l'implication (a) $\Rightarrow$ $(b)_{\mathcal{F}}$ est triviale quel que soit $\mathcal{F}$ car si E est tonnelé, E_s^* est quasi-complet.

De plus, $(b)_{\mathcal{F}}$ implique que E_τ^* (c'est-à-dire $E_{\mathcal{F}}^*$ lorsque $\mathcal{F}$ est la famille des parties relativement compactes et absolument convexes de E_a) est sq-complet, donc que la bornologie de E_s^* est complétante.

Si, à présent, la bornologie de E_s^* est complétante, tout tonneau de E_s^* est bornivore dans E_s^*, c'est-à-dire, par polarité, que tout tonneau de E est bornivore, d'où (a) car E est évaluable.

De la sorte, l'équivalence entre (a), $(b)_{\mathcal{F}}$ et (c) est établie.

Pour conclure, notons que (a) $\Rightarrow$ (d) et (d) $\Rightarrow$ (e) sont bien connus et prouvons que (e) $\Rightarrow$ (a). De fait, (e) implique que tout borné de E_s^* est borné dans E_b^*, donc est équicontinu car E est évaluable. □

PROPOSITION P.3.5. [15]. Si (E,P) est σ-tonnelé (resp. σ-évaluable), (E,Q) est σ-tonnelé (resp. σ-évaluable) pour tout système Q de semi-normes sur E compris entre ceux de (E,P) et de $(E,P)_\tau$.

Preuve. De fait, on a alors $(E,P)^* = (E,Q)^*$ et ainsi, tout ensemble dénombrable et borné dans $(E,Q)_s^*$ [resp. $(E,Q)_b^*$] est équicontinu dans (E,P), donc dans (E,Q) car Q est plus fort que P. □

Si on compare les notions d'espaces linéaires à semi-normes introduites au paragraphe P.2 ainsi que la notion d'espace de Mackey (c'est-à-dire tel que $E = E_\tau$), on obtient immédiatement le tableau des implications suivantes :

$$\begin{array}{ccccccc} ub & \Rightarrow & t & \Rightarrow & dt & \Rightarrow & \sigma t \\ \Downarrow & & \Downarrow & & \Downarrow & & \Downarrow \\ b & \Rightarrow & e & \Rightarrow & de & \Rightarrow & \sigma e \\ & & \Downarrow & & & & \\ & & M & & & & \end{array} \qquad (*)$$

où nous avons utilisé les abréviations que voici : ub (resp. t; dt; σt; b; e; de; σe; M) signifie que l'espace considéré est ultrabornologique (resp. tonnelé; d-tonnelé; σ-tonnelé; bornologique; évaluable; d-évaluable; σ-évaluable; de Mackey).

Nous allons établir que ce tableau (*) reprend les seules implications qui existent, en général, entre ces notions, [42].

Bien sûr, on sait déjà que le tableau (*) reprend les seules implications qui existent entre les notions d'espaces ultrabornologiques, bornologiques, tonnelés, évaluables ou de Mackey.

Cela étant, pour établir notre assertion, il suffit de donner des exemples d'espaces

(a) bornologique et non σ-tonnelé,
(b) de Mackey et non σ-évaluable,
(c) d-tonnelé et non de Mackey,
(d) σ-tonnelé et non d-évaluable.

En effet,
- un tel exemple (a) montre qu'aucune propriété reprise dans la deuxième ou la troisième ligne du tableau n'entraîne une propriété reprise dans la première ligne.

- un tel exemple (b) montre que M n'entraîne aucune autre propriété reprise dans le tableau.
- un tel exemple (c) montre qu'aucune des propriétés dt, σt, de et σe n'entraîne une des propriétés ub, t, b, e ou M.
- un tel exemple (d) montre que ni σt, ni σe n'entraînent de et que, par conséquent, σt n'entraîne pas dt.

PROPOSITION P.3.6. Il existe des espaces bornologiques et non σ-tonnelés.

Preuve. De fait, tout exemple d'espace bornologique et non tonnelé convient car la partie a) de la proposition P.3.4 montre qu'un tel espace n'est pas σ-tonnelé. □

PROPOSITION P.3.7. Il existe un espace de Mackey non σ-évaluable .

Preuve. On sait que l'espace l^1 -c'est-à-dire l'espace linéaire des suites $\vec{x}$ de nombres complexes telles que la série $\sum_{n=1}^{\infty} |x_n|$ converge- est un espace de Banach lorsqu'il est muni de la norme $\|\vec{x}\| = \sum_{n=1}^{\infty} |x_n|$, et que son dual fort est l'espace de Banach l^∞ des suites $\vec{x}$ bornées de nombres complexes muni de la norme $\|\vec{x}\| = \sup_n |x_n|$.

Cela étant, considérons l'espace $(l^1)^*_\tau$ où τ désigne la famille des parties compactes et absolument convexes de $(l^1)_a$.

Bien sûr $(l^1)^*_\tau$ est alors un espace de Mackey.

De plus, l'ensemble

$$b = \{\vec{x} \in l^\infty : \|\vec{x}\|_{l^\infty} \leq 1\} = \bigcap_{n=1}^{\infty} \{\vec{x} \in l^\infty : |x_n| \leq 1\}$$

est assurément un σ-tonneau de $(l^1)^*_\tau$. Il est même bornivore car tout borné de $(l^1)^*_\tau$ est borné dans $(l^1)^*_s$, donc est borné dans l^∞. Cependant b n'est pas voisinage de 0 dans $(l^1)^*_\tau$ sinon son antipolaire, c'est-à-dire la boule unité fermée de l^1, serait compact dans $(l^1)_a$, donc dans l^1, ce qui est faux. □

PROPOSITION P.3.8. <u>Il existe un espace</u> d-<u>tonnelé et non de Mackey</u>.

<u>Preuve</u>. Vu la partie a) de la proposition P.3.2, il suffit de donner un exemple d'espace σ-tonnelé, séparable par semi-norme et non de Mackey.

Soit X un ensemble non dénombrable et désignons par $\mathcal{E}$ (resp. $\mathcal{F}$) l'espace linéaire des fonctions complexes sur X, qui ne diffèrent de 0 qu'en un nombre fini (resp. une infinité dénombrable) de points de X. Un élément quelconque f de $\mathcal{E}$ (resp. τ de $\mathcal{F}$) peut alors s'écrire

$$f = \sum_{x \in X} f(x)\, \delta_x \quad \left[\text{resp. } \tau = \sum_{x \in X} \tau_x\, \delta_x\right]$$

où $f(x) \in \mathbb{C}$ [resp. $\tau_x \in \mathbb{C}$] ne diffère de 0 que pour un nombre fini (resp. une infinité dénombrable au plus) de points $x \in X$, et où δ_x représente la fonction caractéristique de x. Mais alors la fonctionnelle bilinéaire

$$\mathcal{B}(f,\tau) = \tau(f) = \sum_{x \in X} f(x)\, \tau_x,\ \forall f \in \mathcal{E},\ \forall \tau \in \mathcal{F},$$

montre que les espaces $\mathcal{E}$ et $\mathcal{F}$ sont en dualité séparante. Ceci permet de considérer l'espace faible F associé à $\mathcal{F}$, à savoir $\mathcal{F}$ muni du système des semi-normes $p_A(.)$ définies sur $\mathcal{F}$ par

$$p_A(\tau) = \sup_{f \in A} |\tau(f)|,\ \forall \tau \in \mathcal{F},$$

lorsque A parcourt la famille des parties finies de $\mathcal{E}$.

Cela étant, désignons par E l'espace $\mathcal{E}$ muni du système des semi-normes $p_{\mathcal{B}}(.)$ définies sur $\mathcal{E}$ par

$$p_{\mathcal{B}}(f) = \sup_{\tau \in \mathcal{B}} |\tau(f)|,\ \forall f \in \mathcal{E},$$

lorsque $\mathcal{B}$ parcourt la famille des parties bornées dénombrables de F.

Remarquons immédiatement que, pour toute partie dénombrable $\mathcal{B}$ de F, il existe une partie dénombrable $X_{\mathcal{B}}$ de X telle que τ_x soit nul pour tout $\tau \in \mathcal{B}$ et tout $x \in X \setminus X_{\mathcal{B}}$, donc telle que $p_{\mathcal{B}}(f)$ soit nul pour tout $f \in \mathcal{E}$, nul sur $X_{\mathcal{B}}$. Il s'ensuit aisément que tout voisinage de 0 dans E contient un sous-espace linéaire non trivial.

a) L'espace E est σ-tonnelé.

Pour le voir, il suffit de prouver que F est égal à E_s^*. Or, si $\mathcal{T}$ est une fonctionnelle linéaire sur E, $\mathcal{T}$ peut s'interpréter comme étant une fonction sur X. De plus, si $\mathcal{T}$ est continu sur E, il existe un borné dénombrable $\mathcal{B}$ de F tel que $|\mathcal{T}(.)| \leq p_{\mathcal{B}}(.)$. On a donc $\mathcal{T}(f) = 0$ pour tout $f \in E$, nul sur $X_{\mathcal{B}}$. D'où la conclusion.

b) L'espace E est séparable par semi-norme.

De fait, si $\mathcal{B}$ est un borné dénombrable de F, tout $f \in E$ est la somme des éléments

$$\sum_{x \in X_{\mathcal{B}}} f(x)\, \delta_x \text{ et } f - \sum_{x \in X_{\mathcal{B}}} f(x)\, \delta_x$$

de E, alors que

$$p_{\mathcal{B}}\Big[f - \sum_{x \in X_{\mathcal{B}}} f(x)\, \delta_x\Big] = 0, \forall f \in E,$$

et que $X_{\mathcal{B}}$ est dénombrable.

c) L'espace E n'est pas de Mackey.

Pour le voir, il suffit de prouver que l'ensemble

$$\theta = \{f \in E : |f(x)| \leq 1, \forall x \in X\}$$

est un voisinage de 0 dans E_τ, car θ ne contient pas de sous-espace linéaire non trivial.

Or si $\mathcal{T}$ est une fonctionnelle linéaire non continue sur E, il existe $\varepsilon > 0$ tel que $|\mathcal{T}_x| \geq \varepsilon$ pour une infinité de points de X et $\mathcal{T}$ n'est pas borné sur θ : toute fonctionnelle linéaire sur E et bornée sur θ est donc continue sur E. Il s'ensuit que le polaire du tonneau θ dans E^* coïncide avec son polaire dans E^{*alg} : c'est donc un ensemble s-compact et absolument convexe. D'où la conclusion par le théorème des bipolaires. □

REMARQUE P.3.9. Ce dernier exemple est basé sur un exemple d'espace σ-tonnelé et non de Mackey dû à M. Levin et S. Saxon [33].

PROPOSITION P.3.10. <u>Il existe un espace</u> σ-<u>tonnelé et non d-évaluable</u>.

<u>Preuve</u>. Dans l'exemple de la proposition précédente dont nous reprenons les notations, supposons en outre que X soit réunion dénombrable de parties non dénombrables X_n, emboitées en croissant et telles que $X \setminus X_n$ soit non dénombrable quel que soit n.

Définissons alors E_1 comme étant l'espace linéaire $\mathcal{E}$ muni du système de semi-normes obtenu en filtrant celui de E et les semi-normes

$$p_n(f) = \sup_{x \in X_n} |f(x)|, \forall f \in \mathcal{E}.$$

a) L'espace E_1 est σ-tonnelé.

Remarquons tout d'abord que F est égal à $(E_1)^*_s$. Soit $\mathcal{T}$ une fonctionnelle linéaire sur E_1 telle que

$$|\mathcal{T}(f)| \leq \sup_{Q \in \mathcal{B}} |Q(f)| + p_n(f), \forall f \in E_1, \qquad (*)$$

où $\mathcal{B}$ est un borné dénombrable de F. Alors $\mathcal{T}$ peut évidemment s'interpréter comme étant une fonction sur E : $\mathcal{T} = \sum_{x \in X} \mathcal{T}_x \delta_x$. Il reste ainsi à prouver que l'ensemble $\{x \in X : \mathcal{T}_x \neq 0\}$ est dénombrable. Or, si ce n'est pas le cas, il existe $\varepsilon > 0$ tel que $|\mathcal{T}_x| \geq \varepsilon$ pour une infinité de points de $X_n \setminus X_{\mathcal{B}}$ et $\mathcal{T}$ ne peut alors vérifier la relation (*).

De là, le système de semi-normes de E_1 est plus faible que celui de E_τ. Comme il est aussi plus fort que celui de E, la proposition P.3.5 permet de conclure.

b) L'espace E_1 n'est pas d-évaluable.

Pour tout n, l'ensemble $\{\delta_x : x \in X_n\}$ est évidemment équicontinu sur E_1, car contenu dans $(b_{p_n})^{\Delta}$. De plus, $\bigcup_{n=1}^{\infty} \{\delta_x : x \in X_n\}$ est borné dans $(E_1)^*_b$: pour le voir, il suffit de prouver que tout borné de E_1 est un ensemble uniformément borné de fonctions sur X. Or si la suite $f_n \in E_1$ n'est pas uniformément bornée sur X, il existe une suite $x_n \in X$ telle que $|f_n(x_n)| \geq n$ pour tout n. Mais alors, $\mathcal{B} = \{\delta_{x_n} : n \in \mathbb{N}\}$ est un borné dénombrable de F qui n'est pas borné sur $\{f_n : n \in \mathbb{N}\}$.

Pour conclure, il suffit alors de remarquer que

$$\bigcup_{n=1}^{\infty} \{\delta_x : x \in X_n\} = \{\delta_x : x \in X\}$$

n'est pas équicontinu sur E_1. □

REMARQUE P.3.11. Reprenons les notations utilisées dans les démonstrations des propositions P.3.8 et P.3.10. Nous avons établi d'une part que E est d-tonnelé, donc qu'il est d-évaluable et d'autre part que E_1 a un système de semi-normes compris entre ceux de E et de E_τ, et que E_1 n'est pas d-évaluable, donc qu'il n'est pas d-tonnelé. Il s'ensuit que la proposition P.3.5 n'est pas valable si on y remplace σ-tonnelé par d-tonnelé, ou σ-évaluable par d-évaluable.

P.4. Renforcement du système de semi-normes [14]

La proposition P.3.5 assure la conservation des propriétés de σ-tonnelage et de σ-évaluabilité pour tout système de semi-normes sur E compris entre ceux de E et de E_τ. Par contre, dans la remarque précédente, nous venons de voir qu'il n'en est pas de même pour le d-tonnelage et la d-évaluabilité.

Voici un cas de conservation des propriétés définies au paragraphe P.2, lors du passage à un système de semi-normes P' sur E strictement plus fort que celui de E_τ, donc tel que $(E,P')^* \setminus E^* \neq \emptyset$.

Introduisons quelques notations. Soit (E,P) un espace linéaire à semi-normes et soit $\mathcal{T}$ une fonctionnelle linéaire et non continue sur (E,P). Nous notons alors $P_\mathcal{T}$ le système de semi-normes sur E obtenu en filtrant P et la semi-norme $|\mathcal{T}(.)|$; c'est, par exemple, le système des semi-normes

$$p_\mathcal{T}(f) = p(f) + |\mathcal{T}(f)|, \forall f \in E,$$

lorsque p parcourt P. Notons que $P_\mathcal{T}$ est évidemment strictement plus fort que P.

LEMME P.4.1. _Soit_ $N(\mathcal{T})$ _le noyau d'une fonctionnelle_ $\mathcal{T}$ _linéaire et non continue sur_ (E,P). _Alors, pour tout_ $f_o \notin N(\mathcal{T})$, $(E,P_\mathcal{T})$ _est la somme topologique des espaces linéaires à semi-normes_ $[N(\mathcal{T}),P]$ _et_ $>f_o<$, $>f_o<$ _désignant l'enveloppe linéaire de_ f_o.

Preuve. Comme $\mathcal{T}$ est une fonctionnelle linéaire continue sur $(E,P_\mathcal{T})$, $(E,P_\mathcal{T})$ est la somme topologique de $[N(\mathcal{T}),P_\mathcal{T}]$ et de $>f_o<$. Pour conclure, il suffit alors de noter que $[N(\mathcal{T}),P\,] = [N(\mathcal{T}),P_\mathcal{T}]$, car $\mathcal{T}$ est nul sur $N(\mathcal{T})$. □

PROPOSITION P.4.2. Si (E,P) est bornologique (resp. tonnelé; d-tonnelé; σ-tonnelé; évaluable; d-évaluable; σ-évaluable), il en est de même pour (E,P_τ) quelle que soit la fonctionnelle linéaire et non continue τ sur (E,P).

Preuve. On sait que tout sous-espace de codimension finie d'un espace bornologique (resp. tonnelé; d-tonnelé; σ-tonnelé; évaluable; d-évaluable; σ-évaluable) est un espace du même type.

De plus, tout produit fini de tels espaces est encore un espace du même type.

D'où la conclusion car (E,P_τ) est isomorphe à $[N(\tau),P] \times {>}f_o{<}$. □

PROPOSITION P.4.3. Si l'espace (E,P_1) est bornologique (resp. tonnelé; σ-tonnelé; évaluable; σ-évaluable) et si (E,P_2) ne l'est pas, P_2 étant plus fort que P_1, il existe une infinité dénombrable de systèmes de semi-normes P sur E, non comparables deux à deux et tels que $P_1 < P < P_2$ et que (E,P) soit bornologique (resp. tonnelé; σ-tonnelé; évaluable; σ-évaluable).

Preuve. Comme (E,P_1) est bornologique (resp. tonnelé; σ-tonnelé; évaluable; σ-évaluable) et que (E,P_2) ne l'est pas alors que $P_1 \leq P_2$, il existe une fonctionnelle τ_1 linéaire sur E, continue sur (E,P_2) et non continue sur (E,P_1) : si (E,P_1) est bornologique, tonnelé ou évaluable, cela provient de ce que (E,P_1) est alors un espace de Mackey; si (E,P_1) est σ-tonnelé ou σ-évaluable, c'est une conséquence de la proposition P.3.5.

Vu la proposition P.4.2, $[E,(P_1)_{\tau_1}]$ est alors un espace du même type que (E,P_1) alors que

$$P_1 < (P_1)_{\tau_1} \text{ et } (P_1)_{\tau_1} < P_2.$$

On peut donc recommencer cette procédure et trouver une suite

$$\tau_n \in (E,P_2)^* \setminus [(E,P_1)^* + {>}\tau_1,\ldots,\tau_{n-1}{<}] , \forall n.$$

Alors, on vérifie aisément que les systèmes de semi-normes $(P_1)_{\tau_n}$, $(n \in \mathbb{N})$, conviennent. □

CHAPITRE I

ESPACES ASSOCIES

A UN ESPACE LINEAIRE A SEMI-NORMES

On introduit dans ce chapitre les espaces associés à un espace linéaire à semi-normes E, par rapport aux propriétés localement convexes introduites dans les préliminaires. On compare notamment les espaces associés à un sous-espace linéaire de E, aux espaces associés à E.

I.1. Définition [30]

DEFINITION I.1.1. Soit E un espace linéaire à semi-normes et soit R une propriété localement convexe stable par passage aux limites inductives séparées, et satisfaite par tout espace linéaire lorsqu'il est muni du système de toutes ses semi-normes.

Cela étant, l'*espace* R *associé à* E est l'espace linéaire E muni du plus faible système de semi-normes qui, à la fois, possède les deux propriétés suivantes :

(a) il est plus fort que celui de E,

(b) il vérifie R.

THEOREME D'EXISTENCE I.1.2. *Sous les conditions sur* R *reprises ci-dessus, l'espace* R *associé à* E *existe et c'est la limite inductive des espaces* (E,P') *lorsque* P' *parcourt la famille des systèmes de semi-normes sur* E *qui vérifient les conditions* (a) *et* (b) *ci-dessus*.

Preuve. De fait, cette limite inductive est séparée car son système de semi-normes est plus fort que celui de E et elle vérifie la propriété R. □

Remarquons que les propriétés localement convexes qui ont été introduites au paragraphe P.2, c'est-à-dire l'espace E est ultrabornologique, tonnelé, bornologique, évaluable,
d-tonnelé, d-évaluable,
σ-tonnelé, σ-évaluable,

sont de telles propriétés R. Cela résulte de la proposition P.3.1 et de ce que tout espace linéaire est ultrabornologique lorsqu'il est muni du système de toutes ses semi-normes. Dans la suite, ce sont les espaces associés correspondant à ces propriétés particulières qui vont être étudiés.

NOTATIONS I.1.3. L'espace ultrabornologique (resp. tonnelé; d-tonnelé; σ-tonnelé; bornologique; évaluable; d-évaluable; σ-évaluable) associé à un espace linéaire à semi-normes E est noté

$$E_{ub} \text{ (resp. } E_t;\ E_{dt};\ E_{\sigma t};\ E_b;\ E_e;\ E_{de};\ E_{\sigma e}).$$

REMARQUE I.1.4. Pour obtenir les propriétés des espaces R associés à un espace linéaire à semi-normes, il convient d'en donner une caractérisation; celle-ci est particulièrement simple lorsque R signifie que l'espace est ultrabornologique ou bornologique, et repose sur une construction transfinie pour les autres cas envisagés.

I.2. Espace bornologique associé

THEOREME I.2.1.

a) L'espace bornologique E_b associé à E est la limite inductive des espaces E_B lorsque B parcourt la famille des bornés absolument convexes de E.

b) Tout opérateur linéaire continu d'un espace bornologique F dans E est encore continu de F dans E_b.

Preuve. a) D'une part, la limite inductive $E_{b'}$ des espaces E_B lorsque B parcourt la famille des bornés absolument convexes de E a un sens. De fait, si B_1 et B_2 sont des bornés absolument convexes de E, $\langle B_1 \cup B_2 \rangle$ est un borné absolument convexe de E, qui les contient et tel que l'injection canonique de E_{B_1} (resp. E_{B_2}) dans $E_{\langle B_1 \cup B_2 \rangle}$ soit continue.

D'autre part, $E_{b'}$ est égal à E_b. De fait, les semi-normes de $E_{b'}$ constituent visiblement un système de semi-normes plus fort que celui de E et $E_{b'}$ est un espace bornologique. De là, $E_{b'}$ a un système de semi-normes plus fort que celui de E_b. D'où la conclusion vu que E_b et $E_{b'}$ ont les mêmes bornés car

E et $E_{b'}$ ont les mêmes bornés.

b) Soit T un opérateur linéaire continu d'un espace F bornologique dans E. Pour tout borné absolument convexe B de F, TB est un borné absolument convexe de E et T est continu de F_B dans E_{TB}. De là, T est continu de F dans E_b car il est continu de la limite inductive des espaces F_B dans celle $E_{b''}$ des espaces E_{TB}, où B parcourt la famille des bornés absolument convexes de F, c'est-à-dire de F dans $E_{b''}$, $E_{b''}$ ayant un système de semi-normes plus fort que E_b.

D'où la conclusion, en considérant également le cas particulier où $F = E_b$ et $T = I_E$. □

COROLLAIRE I.2.2. Si les espaces (E,P) et (E,Q) ont les mêmes bornés, on a $(E,P)_b = (E,Q)_b$.

En particulier,

a) on a toujours $E_b = (E_a)_b$.

b) si l'espace (E,P) est bornologique, on a $(E,P) = (E,Q)_b$ pour tout système de semi-normes Q tels que les espaces (E,P) et (E,Q) aient les mêmes bornés.

Preuve. C'est immédiat. □

I.3. Espace ultrabornologique associé

THEOREME I.3.1. [5].

a) L'espace ultrabornologique E_{ub} associé à E est la limite inductive des espaces E_B lorsque B parcourt la famille des bornés absolument convexes complétants de E.

b) Tout opérateur linéaire continu d'un espace ultrabornologique F dans E est encore continu de F dans E_{ub}.

Preuve. Elle est analogue à celle du théorème I.2.1 si on note que

a) si B_1 et B_2 sont des bornés absolument convexes complétants de E, il en est de même pour $\langle B_1 \cup B_2 \rangle$. On sait déjà que $\langle B_1 \cup B_2 \rangle$ est borné et absolument convexe; il suffit donc d'établir que les séries $\sum_{n=1}^{\infty} 2^{-n} f_n$ convergent dans $E_{\langle B_1 \cup B_2 \rangle}$ chaque fois que les f_n appartiennent à $\langle B_1 \cup B_2 \rangle$. Or de tels f_n s'écrivent $g_n + h_n$

avec $g_n \in B_1$ et $h_n \in B_2$, et les séries $\sum_{n=1}^{\infty} 2^{-n} g_n$ et $\sum_{n=1}^{\infty} 2^{-n} h_n$ convergent respectivement dans E_{B_1} et E_{B_2}, a fortiori dans $E_{\langle B_1 \cup B_2 \rangle}$.

b) si (E,P) est ultrabornologique et si (E,Q) a les mêmes bornés absolument convexes complétants que (E,P), alors $Q \leq P$.

c) l'image d'un borné absolument convexe complétant par un opérateur linéaire continu est un borné absolument convexe complétant. □

COROLLAIRE I.3.2. _Si les espaces_ (E,P) _et_ (E,Q) _ont les mêmes bornés absolument convexes complétants, on a_ $(E,P)_{ub} = (E,Q)_{ub}$.

En particulier,

a) _on a toujours_ $E_{ub} = (E_a)_{ub}$.

b) _si l'espace_ (E,P) _est ultrabornologique, on a_ $(E,P) = (E,Q)_{ub}$ _pour tout système de semi-normes_ Q _tel que_ (E,P) _et_ (E,Q) _aient les mêmes bornés absolument convexes complétants_.

Preuve. C'est immédiat. □

PROPOSITION I.3.3. [43]. _Si l'espace_ (E,P) _est ultra-bornologique et à réseau_, (E,P) _est l'espace ultrabornologique associé à_ (E,Q) _pour tout système de semi-normes_ Q _plus faible que_ P.

Preuve. D'une part, comme Q est plus faible que P, l'opérateur identité de (E,P) dans $(E,Q)_{ub}$ est continu. D'autre part, l'opérateur identité de $(E,Q)_{ub}$ dans (E,P) est alors à graphe fermé d'un espace ultrabornologique dans un espace à réseau, donc est continu. D'où la conclusion. □

I.4. _Espaces tonnelé_, d-_tonnelé et_ σ-_tonnelé associés_ [30], [37], [38]

Soit E un espace linéaire à semi-normes.

Notons P_o le système de semi-normes de E et désignons par P_1 le système des semi-normes de la convergence uniforme sur les parties bornées de E_s^* (resp. bornées de E_s^* et unions dénombrables d'ensembles équicontinus; réunion d'un ensemble équicontinu de E^* et d'une suite bornée de E_s^*). Il revient au même de dire que P_1 est la topologie localement convexe déterminée par l'ensemble $\mathcal{V}_1$ des tonneaux de E (resp. d-tonneaux de E; ensembles de la forme $b \cap \theta$ où b est une semi-boule fermée de E et θ un σ-tonneau de E).

Il est clair que P_1 est plus fort que P_o et que tout tonneau (resp. d-tonneau; σ-tonneau) de E est un voisinage de 0 dans (E,P_1). Cependant, en général, l'espace (E,P_1) n'est pas tonnelé (resp. d-tonnelé; σ-tonnelé) et il convient de recommencer transfiniment pour obtenir l'espace tonnelé (resp. d-tonnelé; σ-tonnelé) associé à E.

A cette fin, pour tout nombre ordinal α, définissons le système P_α de semi-normes sur E par $P_\alpha = (P_{\alpha-1})_1$ si α a un prédécesseur et par $P_\alpha = \bigcup_{\beta<\alpha} P_\beta$ si α est un ordinal limite, et posons $E_\alpha = (E,P_\alpha)$.

THEOREME I.4.1. <u>Avec les notations introduites ci-dessus</u> :
a) <u>il existe un plus petit nombre ordinal</u> t (resp. dt; σt) <u>tel que</u> $E_t = E_{t+1}$ (resp. $E_{dt} = E_{dt+1}$; $E_{\sigma t} = E_{\sigma t+1}$).

b) <u>l'espace</u> E_t (resp. E_{dt}; $E_{\sigma t}$) <u>est l'espace tonnelé</u> (resp. d-<u>tonnelé</u>; σ-<u>tonnelé</u>) <u>associé à</u> E.

c) <u>tout opérateur linéaire continu d'un espace tonnelé</u> (resp. d-<u>tonnelé</u>; σ-<u>tonnelé</u>) F <u>dans</u> E <u>est encore continu de</u> F <u>dans</u> E_t (resp. E_{dt}; $E_{\sigma t}$).

<u>Preuve</u>. Soit γ la cardinalité de l'ensemble des parties absolument convexes de E. Il est évident que t (resp. dt; σt) est inférieur au premier ordinal de cardinalité > γ. D'où a).

Le point b) est immédiat : pour tout ordinal α, E_α a un système de semi-normes plus faible que celui de l'espace tonnelé (resp. d-tonnelé; σ-tonnelé) associé et E_t (resp. E_{dt}; $E_{\sigma t}$) est tonnelé (resp. d-tonnelé; σ-tonnelé).

Prouvons c). Soit T un opérateur linéaire continu d'un espace tonnelé (resp. d-tonnelé; σ-tonnelé) F dans E. Comme l'image inverse par T de tout tonneau (resp. d-tonneau; σ-tonneau) de E est un tonneau (resp. d-tonneau; σ-tonneau) de F, on voit que T est encore continu de F dans E_1 et même de F dans $E_{\alpha+1}$ s'il l'est de F dans E_α. Remarquons également que si α est un ordinal limite et si T est continu de F dans F_β quel que soit l'ordinal $\beta < \alpha$, alors T est aussi continu de F dans E_α. Au total, on obtient que T est continu de F dans E_t (resp. E_{dt}; $E_{\sigma t}$) et la conclusion s'ensuit en considérant le cas où F égale E_t (resp. E_{dt}; $E_{\sigma t}$).□

COROLLAIRE I.4.2. Si les espaces (E,P) et (E,Q) ont le même dual, on a $(E,P)_t = (E,Q)_t$.

En particulier,

a) on a toujours $E_t = (E_a)_t$.

b) si l'espace (E,P) est tonnelé, on a $(E,P) = (E,Q)_t$ pour tout système de semi-normes Q tel que $(E,P)^* = (E,Q)^*$.

Preuve. De fait, $(E,P)_s^*$ et $(E,Q)_s^*$ ont alors les mêmes bornés et ainsi (E,P) et (E,Q) ont les mêmes tonneaux.□

PROPOSITION I.4.3. [43]. Si l'espace (E,P) est tonnelé et de Ptak, (E,P) est l'espace tonnelé associé à (E,Q) pour tout système Q de semi-normes plus faible que P.

Preuve. D'une part, comme Q est plus faible que P, l'opérateur identité de (E,P) dans $(E,Q)_t$ est continu. D'autre part, l'opérateur identité de $(E,Q)_t$ dans (E,P) est alors à graphe fermé d'un espace tonnelé dans un espace de Ptak, donc est continu. D'où la conclusion. □

I.5. Espaces évaluable, d-évaluable et σ-évaluable associés [36], [37]

Si, dans la construction du paragraphe I.4, on remplace E_s^* par E_b^*, et tonneau (resp. d-tonneau; σ-tonneau) par tonneau (resp. d-tonneau; σ-tonneau) bornivore, on obtient de façon analogue le résultat suivant.

THEOREME I.5.1. Avec les notations introduites ci-dessus:

a) il existe un plus petit nombre ordinal e (resp. de; σe) tel que $E_{e+1} = E_e$ (resp. $E_{de+1} = E_{de}$; $E_{\sigma e+1} = E_{\sigma e}$).

b) l'espace E_e (resp. E_{de}; $E_{\sigma e}$) est l'espace évaluable (resp. d-évaluable; σ-évaluable) associé à E.

c) tout opérateur linéaire continu d'un espace évaluable (resp. d-évaluable; σ-évaluable) F dans E est encore continu de F dans E_e (resp. E_{de}; $E_{\sigma e}$). □

COROLLAIRE I.5.2. Si les espaces (E,P) et (E,Q) ont le même dual, on a $(E,P)_e = (E,Q)_e$.

En particulier,

a) on a toujours $E_e = (E_a)_e$.

b) si l'espace (E,P) est évaluable, on a $(E,P) = (E,Q)_e$ pour tout système de semi-normes Q tel que $(E,P)^* = (E,Q)^*$.

Preuve. De fait, d'une part, les espaces $(E,P)^*_s$ et $(E,Q)^*_s$ ont alors les mêmes bornés et ainsi (E,P) et (E,Q) ont les mêmes tonneaux. D'autre part, $(E,P)_a$ et $(E,Q)_a$ ont les mêmes bornés, donc (E,P) et (E,Q) ont les mêmes bornés. Au total, les espaces (E,P) et (E,Q) ont les mêmes tonneaux bornivores. □

I.6. Propriétés des espaces associés [5],[30],[36],[37],[38]

Comparons tout d'abord les espaces associés.

THEOREME I.6.1. On a le tableau suivant :

$$\begin{array}{ccccccccc} E_{ub} & \rightarrow & E_t & \rightarrow & E_{dt} & \rightarrow & E_{\sigma t} & & \\ \downarrow & & \downarrow & & \downarrow & & \downarrow & & \\ E_b & \rightarrow & E_e & \rightarrow & E_{de} & \rightarrow & E_{\sigma e} & \rightarrow & E , \end{array}$$

où $E_x \rightarrow E_y$ signifie que l'opérateur identité est continu de E_x dans E_y.

De plus, E et E_{ub} ont les mêmes bornés absolument convexes complétants, et E et E_b ont les mêmes bornés.

Preuve. C'est immédiat ou établi précédemment. □

Passons à présent à la considération des égalités entre espaces associés.

PROPOSITION I.6.2. On a l'égalité

a) $E_{ub} = E_b$ si et seulement si tout ensemble absolument convexe qui absorbe tout borné absolument convexe complétant est bornivore.

b) $E_t = E_e$ (resp. $E_{dt} = E_{de}$; $E_{\sigma t} = E_{\sigma e}$) <u>si et seulement si</u> E <u>et</u> E_t (resp. E_{dt}; $E_{\sigma t}$) <u>ont les mêmes bornés</u>.

<u>Preuve</u>. a) Vu la constitution des semi-boules d'une limite inductive, une base des voisinages de 0 dans E_b (resp. E_{ub}) est donnée par la famille des parties de E qui sont absolument convexes et bornivores (resp. et qui absorbe tout borné absolument convexe complétant). D'où la conclusion.

Pour b), on note par exemple que, si $E_t = E_e$, alors E_t et E ont les mêmes bornés. Puis que, si E et E_t ont les mêmes bornés, les espaces E_α qui interviennent dans la construction de E_t et de E_e coïncident pour tout ordinal α. □

La considération des propriétés relatives à la complétion est très intéressante.

THEOREME I.6.3. <u>Toute partie complète</u> (resp. sq-<u>complète</u>) <u>de</u> E <u>est complète</u> (resp. sq-<u>complète</u>) <u>dans</u> E_t,E_{dt},$E_{\sigma t}$,E_e,E_{de} <u>et</u> $E_{\sigma e}$.

<u>Preuve</u>. Donnons une démonstration pour E_t ; les autres cas s'établissent de façon analogue.

Soit A une partie complète (resp. sq-complète) de E et utilisons les notations introduites au paragraphe I.4.

Comme les semi-boules fermées de E_1, c'est-à-dire les tonneaux de E, sont fermées dans E et que $P_o \leq P_1$, on sait déjà que A est complet (resp. sq-complet) dans E_1. De même, si A est complet (resp. sq-complet) dans E_α, il est complet (resp. sq-complet) dans $E_{\alpha+1}$ et cela quel que soit le nombre ordinal α.

Pour conclure, il suffit de prouver que, si α est un ordinal limite et si A est complet (resp. sq-complet) dans E_β pour tout $\beta < \alpha$, alors A est encore complet (resp. sq-complet) dans E_α. Or si $\mathcal{F}$ (resp. f_n) est un filtre (resp. une suite) de Cauchy sur A dans E_α, il est de Cauchy sur A dans E_β pour tout $\beta < \alpha$, donc converge dans chacun des E_β vers un même élément $f \in A$. D'où la conclusion. □

COROLLAIRE I.6.4. <u>Si</u> E <u>est complet</u> (resp. <u>quasi-complet</u>; sq-<u>complet</u>; <u>à bornologie complétante</u>), <u>il en est de même pour</u> E_t, E_{dt}, $E_{\sigma t}$, E_e, E_{de} <u>et</u> $E_{\sigma e}$, <u>et on a</u> $E_t = E_e$, $E_{dt} = E_{de}$ <u>et</u> $E_{\sigma t} = E_{\sigma e}$.

Preuve. a) Si E est complet (resp. sq-complet), les espaces E_t, E_{dt}, $E_{\sigma t}$, E_e, E_{de} et $E_{\sigma e}$ sont complets (resp. sq-complets), comme cas particulier du théorème précédent.

b) Si E est quasi-complet, soit B un borné fermé de E_t, E_{dt}, $E_{\sigma t}$, E_e, E_{de} ou $E_{\sigma e}$. Son adhérence $\bar{B}$ dans E est alors complète dans E, donc dans l'espace considéré. De là, B est complet dans cet espace, comme partie fermée d'un ensemble complet.

c) Supposons E à bornologie complétante. Il s'agit de prouver que tout borné absolument convexe fermé B de E_t, E_{dt}, $E_{\sigma t}$, E_e, E_{de} ou $E_{\sigma e}$ est complétant dans cet espace. Or l'adhérence $\bar{B}$ de B dans E est un borné absolument convexe fermé de E, donc est complétant. De là, B est complétant comme partie fermée de $\bar{B}$.

d) Enfin, il est clair que si E est complet (resp. quasi-complet; sq-complet; à bornologie complétante), E_e est tonnelé, E_{de} est d-tonnelé et $E_{\sigma e}$ est σ-tonnelé, d'où $E_t = E_e$, $E_{dt} = E_{de}$ et $E_{\sigma t} = E_{\sigma e}$. □

I.7. Espaces associés à un sous-espace linéaire dense [43]

Certaines conditions de densité sur un sous-espace linéaire F de E permettent de déterminer les espaces associés à F en fonction de ceux associés à E et inversement.

Voici tout d'abord quelques résultats préliminaires qui permettent d'introduire la question.

PROPOSITION I.7.1.

a) *Si* F *est un sous-espace linéaire de* E, $\theta \cap F$ *est un tonneau* (resp. d-*tonneau*; σ-*tonneau*) *de* F *pour tout tonneau* (resp. d-*tonneau*; σ-*tonneau*) θ *de* E. *De plus*, $\theta \cap F$ *est bornivore dans* F *si* θ *est bornivore dans* E.

b) *Si* F *est un sous-espace linéaire dense dans* E *et si* F *est tonnelé* (resp. d-*tonnelé*; σ-*tonnelé*; *évaluable*; d-*évaluable*; σ-*évaluable*), *alors* E *est tonnelé* (resp. d-*tonnelé*; σ-*tonnelé*; *évaluable*; d-*évaluable*; σ-*évaluable*).

Preuve. a) est immédiat et b) se déduit aisément de a).

En effet, par exemple, si F est tonnelé et si θ est un tonneau de E, $\theta \cap F$ est un tonneau de F : il existe donc une semi-norme p de E et $r > 0$ tels que

$$\{f \in F : p(f) \leqslant r\} \subset \theta \cap F \subset \theta.$$

On en déduit immédiatement que

$$\{f \in E : p(f) \leqslant r\} \subset \theta$$

car θ est fermé et F dense dans E. □

Voici une réciproque partielle du cas b) de la proposition précédente.

PROPOSITION I.7.2. Soit F un sous-espace linéaire de E tel que, pour tout borné B de E, il existe un borné de F dont l'adhérence dans E contient B. Alors l'adhérence dans E de tout tonneau bornivore de F est un tonneau bornivore de E.

De là, F est évaluable (resp. d-évaluable; σ-évaluable) si et seulement si E l'est.

Preuve. Soit θ un tonneau bornivore de F et désignons par $\bar{\theta}$ son adhérence dans E. Bien sûr, $\bar{\theta}$ est fermé et absolument convexe dans E. Prouvons qu'il est bornivore dans E. De fait, si B est un borné de E et si B' est un borné de F dont l'adhérence $\overline{B'}$ dans E contient B, il existe $r > 0$ tel que $B' \subset r\theta$, donc tel que $B \subset \overline{B'} \subset r\bar{\theta}$.

Vu le cas b) de la proposition précédente, comme F est notamment dense dans E, il suffit pour conclure de noter les points suivants.

Si E est évaluable, tout tonneau bornivore θ de F a pour adhérence $\bar{\theta}$ dans E un tonneau bornivore de E : $\bar{\theta}$ contient donc une semi-boule b de E, d'où la conclusion car alors $\theta = \bar{\theta} \cap F$ contient $b \cap F$, c'est-à-dire une semi-boule de F.

Si E est d-évaluable, soit θ un d-tonneau bornivore de F: on a

$$\theta = \bigcap_{n=1}^{\infty} \{f \in F : p_n(f) \leqslant r_n\},$$

les p_n étant des semi-normes continues sur E et les r_n étant strictement positifs. Vu ce qui précède, nous savons que l'adhérence $\bar{\theta}$ de θ dans E est un tonneau bornivore. Comme, en outre, l'ensemble

$$\theta' = \bigcap_{n=1}^{\infty} \{f \in E : p_n(f) \leqslant r_n\}$$

est visiblement fermé dans E, il contient $\bar{\theta}$ et est donc un d-tonneau bornivore de E. De là, θ' contient une semi-boule b de E, d'où la conclusion car alors $\theta = \theta' \cap F$ contient $b \cap F$.

Si E est σ-évaluable, il suffit de procéder comme dans le cas d-évaluable. □

REMARQUE I.7.3. Les hypothèses de la proposition précédente ne suffisent pas pour assurer que si E est tonnelé (resp. d-tonnelé; σ-tonnelé), alors F est tonnelé (resp. d-tonnelé; σ-tonnelé).

Un contre-exemple particulièrement simple est le suivant: tout espace normé et non tonnelé F a pour complétion un espace de Banach E où les hypothèses de la proposition I.7.2 sont trivialement satisfaites. Les cas d-tonnelé et σ-tonnelé résultent alors du cas (a) de la proposition P.3.4.

Un autre contre-exemple moins immédiat mais très instructif est le suivant. Soit $E = L_1^{loc}(\mathbb{R})$ et soit F le sous-espace de E constitué par les fonctions intégrables sur $\mathbb{R}$. Alors E est un espace de Fréchet et, pour tout borné B de E, il existe un borné B' de F dont l'adhérence dans E contient B, à savoir

$$B' = \{f\,\delta_{[-n,n]} : f \in B,\ n \in \mathbb{N}\}.$$

Cependant F n'est pas σ-tonnelé car les fonctionnelles linéaires τ_n définies sur F par les relations

$$\tau_n(f) = \int_n^{n+1} f(x)\,dx, \forall f \in E, \forall n \in \mathbb{N},$$

constituent une suite bornée de F_s^* (elle converge même vers 0 dans F_s^*), qui n'est visiblement pas équicontinue sur F.

a) <u>Cas évaluable</u>, d-<u>évaluable et</u> σ-<u>évaluable</u>

Il est possible d'adapter la démonstration de la proposition I.7.2 pour passer au cas des espaces évaluable, d-évaluable et σ-évaluable associés.

PROPOSITION I.7.4. Soit (E,P) un espace évaluable et soit Q un système de semi-normes sur E plus faible que P.

Si F est un sous-espace linéaire de E tel que, pour tout borné B de (E,Q), il existe un borné de (F,Q) dont l'adhérence dans (E,P) contienne B, alors

a) (E,Q) est évaluable si et seulement si (F,Q) l'est.

b) (E,Q') est l'espace évaluable associé à (E,Q) si et seulement si (F,Q') est l'espace évaluable associé à (F,Q)[1].

Cet énoncé est encore valable si on y remplace partout évaluable par d-évaluable (resp. σ-évaluable).

Preuve. Il suffit évidemment d'établir b).

Soit (E,Q') l'espace évaluable (resp. d-évaluable; σ-évaluable) associé à (E,Q). D'une part, les bornés de (E,Q) et de (E,Q') coïncident vu le théorème I.6.1 et, d'autre part, pour toute partie A de F, on a $\bar{A}^{P} \subset \bar{A}^{Q'}$ car Q' est plus faible que P. Dès lors, la proposition I.7.2 affirme que l'espace (F,Q') est évaluable (resp. d-évaluable; σ-évaluable).

Soit à présent (F,Q") l'espace évaluable (resp. d-évaluable; σ-évaluable) associé à (F,Q). Bien sûr, on a $Q \leq Q'' \leq Q'$ sur F et, comme F est dense dans (E,P), on peut considérer Q" comme étant un système de semi-normes sur E compris entre Q et Q'. Or le cas b) de la proposition I.7.1 montre qu'alors (E,Q") est évaluable (resp. d-évaluable; σ-évaluable) : on a donc Q" = Q' sur E, d'où la conclusion. □

b) Cas bornologique

Si F est un sous-espace linéaire de E, voici une caractérisation de F_b en fonction de E_b, qui utilise la notion d'espace complexe modulaire (cf.[17], vol. I, pp. 349-364).

---

(1) Si (F,Q') est l'espace évaluable associé à (F,Q), alors Q' est plus faible que P sur F et comme, par hypothèse, F est dense dans (E,P), on peut considérer que Q' est la restriction d'un système de semi-normes sur E, plus faible que P et que nous continuons à désigner par Q', ce qui assure un sens à ce cas b) de l'énoncé.

Rappelons brièvement la définition de ces espaces et donnons quelques compléments à leur théorie.

DEFINITION I.7.5. Un <u>espace complexe modulaire</u> est un espace linéaire à semi-normes (E,P) muni d'une relation d'ordre linéaire $\geq$ pour laquelle

a) toute combinaison linéaire à coefficients positifs d'éléments ≥ 0 est ≥ 0,

b) si $f \geq 0$ et $-f \geq 0$, alors $f = 0$,

c) tout $f \in E$ admet une représentation unique $\mathcal{R}f + i\mathcal{I}f$, où $\mathcal{R}f$ et $\mathcal{I}f$ sont <u>réels</u>, c'est-à-dire où $\mathcal{R}f$ et $\mathcal{I}f$ sont combinaisons linéaires à coefficients réels d'éléments ≥ 0,

d) pour tout $f \in E$, il existe un module $|f| \geq 0$ tel que $|f| = f$ si f est ≥ 0, et que

$$|f| = |\mathcal{R}f - i\,\mathcal{I}f|, \quad |cf| = |c|\,|f| \text{ et } |f+g| \leqslant |f| + |g|$$

quels que soient $f,g \in E$ et $c \in \mathbb{C}$,

e) pour tout $p \in P$, il existe $p' \in P$ et $C > 0$ tels que

$$|f| \leqslant |g| \Rightarrow p(f) \leqslant C\, p'(g).$$

Si un espace linéaire E est muni d'un ordre linéaire $\leq$ qui satisfait aux conditions a) à d) reprises ci-dessus, on dit que E <u>satisfait aux conditions algébriques des espaces complexes modulaires</u>.

Même dans le cadre de la théorie constructive des espaces linéaires à semi-normes, on peut lever l'hypothèse "E est à semi-normes représentables" dans le théorème du paragraphe 12, page 363 de [17], comme nous allons le voir.

Rappelons qu'une semi-norme p sur un espace linéaire E qui satisfait aux conditions algébriques des espaces complexes modulaires est <u>modulaire</u> si

$$|f| \leqslant |g| \Rightarrow p(f) \leqslant p(g).$$

THEOREME I.7.6. <u>Si</u> (E,P) <u>est un espace complexe modulaire</u>, P <u>est équivalent sur</u> E <u>à un système de semi-normes modulaires</u>.

Preuve. Pour tout $f \in E$, l'ensemble $\{g : 0 \leq g \leq |f|\}$ est borné dans (E,P) et ainsi, à tout $p \in P$, nous pouvons associer une loi p' définie sur E par les relations

$$p'(f) = \sup_{0 \leq g \leq |f|} p(g), \forall f \in E.$$

a) Pour tout $p \in P$, p' est une semi-norme sur E.

D'une part, il est trivial qu'on a

$$p'(cf) = |c|\ p'(f), \forall f \in E, \forall c \in \mathbb{C}.$$

D'autre part, établissons que

$$p'(f_1+f_2) \leq p'(f_1) + p'(f_2), \forall f_1, f_2 \in E.$$

Il suffit de prouver que, pour tout $g \in E$ tel que $0 \leq g \leq |f_1+f_2|$, il existe $g_1, g_2 \in E$ tels que

$$g = g_1 + g_2,\ 0 \leq g_1 \leq |f_1| \text{ et } 0 \leq g_2 \leq |f_2|.$$

Or, il suffit de prendre

$$g_1 = \inf(g, |f_1|) \text{ et } g_2 = g - g_1$$

car on a $0 \leq g_1 \leq |f_1|$ trivialement et

$$0 \leq g_2 = g - \frac{g+|f_1|}{2} + \frac{|g-|f_1||}{2} = \frac{g-|f_1|}{2} + \frac{|g-|f_1||}{2}$$

$$= (g - |f_1|)_+ \leq |f_2|.$$

b) L'ensemble $P' = \{p' : p \in P\}$ est un système de semi-normes sur E, qui est plus fort que P.

Bien sûr P' est un ensemble filtrant de semi-normes sur E. Pour établir b), il suffit donc de prouver que P' est plus fort que P. Or, pour tout $p \in P$ et tout $f \in E$, on a

$$p'(f) \geq \sup[p(\mathcal{R}_+f), p(\mathcal{R}_-f), p(\mathcal{I}_+f), p(\mathcal{I}_-f)]$$

$$\geq \frac{1}{4}[p(\mathcal{R}_+f) + p(\mathcal{R}_-f) + p(\mathcal{I}_+f) + p(\mathcal{I}_-f)] \geq \frac{1}{4} p(f).$$

c) Le système de semi-normes P' est équivalent à P sur E.

De fait, (E,P) étant un espace complexe modulaire, pour tout $p \in P$, il existe $q \in P$ et $C > 0$ tels que

$$|f| \leq |g| \Longrightarrow p(f) \leq C\, q(g),$$

donc tels que

$$p'(f) = \sup_{0 \leq g \leq |f|} p(g) \leq C\, q(f), \forall f \in E.$$

d) Enfin, pour tout $p \in P$, il est trivial que p' est une semi-norme modulaire sur E. □

Le théorème du paragraphe 11, page 361, de [17] peut se généraliser de la façon suivante.

PROPOSITION I.7.7. <u>Si</u> E <u>est un espace complexe modulaire, toute fonctionnelle linéaire</u> τ <u>sur</u> E, <u>qui est bornée sur les bornés de</u> E, <u>admet une décomposition de la forme</u>

$$\tau = \sum_{k=0}^{3} i^k \tau_k,$$

<u>où chaque</u> τ_k <u>est une fonctionnelle linéaire positive sur</u> E [c'est-à-dire telle que $\tau_k(f)$ soit positif pour tout $f \geq 0$ appartenant à E] <u>et bornée sur les bornés de</u> E.

<u>Preuve</u>. On vérifie aisément, comme dans la démonstration du théorème du paragraphe 11, page 361, de [17] que les expressions suivantes

$$\tau_0(f) = \sup_{0 \leq g \leq f} \mathcal{R}\tau(g), \qquad \tau_1(f) = \sup_{0 \leq g \leq f} \mathcal{I}\tau(g),$$

$$\tau_2(f) = \sup_{-f \leq g \leq 0} \mathcal{R}\tau(g), \qquad \tau_3(f) = \sup_{-f \leq g \leq 0} \mathcal{I}\tau(g)$$

sont définies sur $\{f : f \geq 0\}$ et telles que, pour tous $f,g \geq 0$, tout $r > 0$ et tout $i = 0,1,2,3$, on a

$$\tau_i(f) \geq 0,$$

$$\tau_i(rf) = r\, \tau_i(f)$$

et

$$\tau_i(f+g) = \tau_i(f) + \tau_i(g).$$

De plus, pour tout borné B de E, inclus dans $\{f : f \geq 0\}$, les ensembles

$$\bigcup_{f\in B} \{g : 0 \leqslant g \leqslant f\} \quad \text{et} \quad \bigcup_{f\in B} \{g : -f \leqslant g \leqslant 0\}$$

sont également bornés dans E car E est un espace complexe modulaire. Il s'ensuit que les lois τ_i, $(i=0,1,2,3)$, sont bornées sur un tel borné B.

Cela étant, vu le théorème du paragraphe 10, page 359, de [17], les fonctionnelles τ_i se prolongent sur E de façon unique au moyen de fonctionnelles linéaires positives $\mathcal{T}_i$.

Soit à présent un borné B de E. Les ensembles

$$\mathcal{R}_{\pm}B = \{\mathcal{R}_{\pm}f : f \in B\} \quad \text{et} \quad \mathcal{J}_{\pm}B = \{\mathcal{J}_{\pm}f : f \in B\}$$

sont bornés dans E, car E est complexe modulaire, et dès lors, chaque $\mathcal{T}_i$ est borné sur B car on a

$$\sup_{f\in B} |\mathcal{T}_i(f)| \leqslant \sup_{f\in B} \left[|\mathcal{T}_i(\mathcal{R}_+f)| + |\mathcal{T}_i(\mathcal{J}_+f)| + |\mathcal{T}_i(\mathcal{R}_-f)| + |\mathcal{T}_i(\mathcal{J}_-f)|\right]$$

$$\leqslant \sup_{g\in\mathcal{R}_+B} \mathcal{T}_i(g) + \sup_{g\in\mathcal{J}_+B} \mathcal{T}_i(g) + \sup_{g\in\mathcal{R}_-B} \mathcal{T}_i(g) + \sup_{g\in\mathcal{J}_-B} \mathcal{T}_i(g).$$

D'où la conclusion. □

PROPOSITION I.7.8. Si (E,P) est bornologique, si (E,Q) est complexe modulaire, si Q est plus faible que P sur E et si F est un sous-espace linéaire de E qui satisfait aux conditions algébriques des espaces complexes modulaires pour l'ordre induit par E et tel que l'adhérence dans (E,P) de

$$B_f = \{g \in F : |g| \leqslant |f|\}$$

contienne f quel que soit $f \in E$, alors

a) (E,Q) est bornologique si et seulement si (F,Q) l'est.

b) (E,Q') est l'espace bornologique associé à (E,Q) si et seulement si (F,Q') est l'espace bornologique associé à (F,Q)[1].

[1] Une remarque analogue à celle du bas de la page 26 assure un sens à cette partie b) de l'énoncé.

Preuve. Il suffit évidemment d'établir b).

Soit (E,Q') l'espace bornologique associé à (E,Q). Vu le théorème I.6.1, les bornés des espaces (E,Q) et (E,Q') coïncident. De plus, on a évidemment $Q \leq Q' \leq P$ sur E. Dès lors, pour tout borné B de (E,Q'), l'ensemble

$$B' = \bigcup_{f \in B} B_f = \{g \in F: \exists f \in B \text{ tel que } |g| \leq |f|\}$$

est borné dans (F,Q') et son adhérence dans (E,P), donc dans (E,Q'), contient B. Vu la proposition I.7.4, l'espace (F,Q') est évaluable.

Prouvons à présent que (F,Q') est bornologique. Vu ce qui précède, il suffit d'établir que toute fonctionnelle linéaire sur F, qui est bornée sur les bornés de (F,Q'), est continue sur (F,Q'). Soit $\mathcal{T}$ une telle fonctionnelle. Par la proposition I.7.7, nous savons que $\mathcal{T}$ est combinaison linéaire de fonctionnelles linéaires positives sur F et bornées sur les bornés de (F,Q'), car (F,Q) est un espace complexe modulaire qui a les mêmes bornés que (F,Q'). On est ainsi ramené à établir que toute fonctionnelle linéaire positive et bornée sur les bornés de (F,Q) est continue sur (F,Q'). Soit $\mathcal{Q}$ une telle fonctionnelle. On peut alors étendre $\mathcal{Q}$ au cône K des éléments ≥ 0 de E par une fonctionnelle τ définie selon

$$\tau(f) = \sup_{g \in B_f} \mathcal{T}(g), \forall f \in K.$$

On vérifie aisément que τ satisfait aux conditions requises pour être la restriction à K d'une fonctionnelle linéaire $\tilde{\mathcal{Q}}$ sur E (cf. théorème du paragraphe 10, page 359 de [17]) et que $\tilde{\mathcal{Q}}$ est borné sur les bornés de (E,Q), donc sur ceux de (E,Q'). Ainsi $\tilde{\mathcal{Q}}$ est une fonctionnelle linéaire continue sur (E,Q') et sa restriction à F, à savoir $\mathcal{Q}$, est donc continue sur (F,Q'), ce qui suffit.

Mais alors, comme les espaces (E,Q) et (E,Q') ont les mêmes bornés, les espaces (F,Q) et (F,Q') ont les mêmes bornés également : par le corollaire I.2.2, nous obtenons que (F,Q') est l'espace bornologique associé à (F,Q).

Pour conclure, il suffit alors de noter que la restriction Q" du système de semi-normes Q' à F a Q' pour seul prolongement par densité de Q" à E. □

Lorsqu'on sait déjà que (F,Q') est bornologique, une autre manière de conclure dans la démonstration précédente, plus longue mais fort instructive, est la suivante.

Soit, à présent, (F,Q") l'espace bornologique associé à (F,Q). Vu ce qui précède, on a évidemment la comparaison $Q \leq Q'' \leq Q' \leq P$ sur F. Mais, comme F est dense dans (E,P), on peut considérer Q" comme étant la restriction à F d'un système de semi-normes sur E tel que

$$Q \leqslant Q'' \leqslant Q' \leqslant P \text{ sur } E.$$

Pour conclure, il suffit alors de prouver que Q" est équivalent à Q' sur E ou, ce qui revient au même, que l'espace (E,Q") est bornologique.

D'une part, (E,Q") est évaluable par application de la proposition I.7.4 car les bornés de (E,Q") et de (E,Q) coïncident vu que ceux de (E,Q') et de (E,Q) le font.

D'autre part, toute fonctionnelle linéaire et bornée sur les bornés de (E,Q") est continue sur (E,Q"). De fait, une telle fonctionnelle $\mathcal{T}$ est bornée sur les bornés de (E,Q') et est donc continue sur (E,Q'). De plus, la restriction de $\mathcal{T}$ à F est bornée sur les bornés de (F,Q"), donc est continue sur (F,Q"), et admet un prolongement linéaire continu $\tilde{\mathcal{T}}$ sur (E,Q"), donc sur (E,Q'). Mais, comme F est dense dans (E,P), donc dans (E,Q'), on doit avoir $\mathcal{T} = \tilde{\mathcal{T}}$ sur E et $\mathcal{T}$ est continu sur (E,Q").

I.8. Espaces associés à un sous-espace linéaire de codimension finie

Soit L un sous-espace linéaire de codimension 1 de l'espace linéaire à semi-normes (E,P) et soit f_o un élément fixé dans $E \setminus L$. On sait qu'il existe alors une fonctionnelle linéaire $\mathcal{T}_o$ sur E telle que

$$f = \mathcal{T}_o(f)f_o + [f - \mathcal{T}_o(f)f_o], \forall f \in E,$$

soit la décomposition linéaire unique de f en un élément de l'enveloppe linéaire $>f_o<$ de f_o et un élément de F. Cela étant, remarquons que, pour tout système Q de semi-normes sur F, l'ensemble $Q + |\mathcal{T}_o|$ des semi-normes q_o, $(q \in Q)$, définies sur E par

$$q_o(f) = |\tau_o(f)| + q[f - \tau_o(f)f_o], \forall f \in E,$$

est un système de semi-normes sur E.

Cela étant, rappelons que tout sous-espace linéaire de codimension finie d'un espace bornologique (resp. tonnelé; d-tonnelé; σ-tonnelé; évaluable; d-évaluable; σ-évaluable) est un espace du même type.

PROPOSITION I.8.1. Soit x un des symboles t, dt, σt, e, de ou σe. Si L est un sous-espace linéaire de codimension finie de (E,P), alors $(E,P)_x$ induit dans L un système de semi-normes équivalent à celui de $(L,P)_x$.

Preuve. Considérons, par exemple, le cas x = t ; les autres s'établissent de façon analogue.

Bien sûr, il suffit d'établir l'énoncé pour un sous-espace L de codimension 1 dans E.

Supposons que

$$(E,P)_t = (E,P') \text{ et } (L,P)_t = (L,P'').$$

On a alors $P \leq P'' \leq P'$ sur L car (L,P') est tonnelé.

D'une part, si L est dense dans (E,P'), P" peut être considéré comme étant la restriction à L d'un système de semi-normes sur E, que nous continuons de noter P", tel que $P \leq P'' \leq P'$ sur E. Pour conclure, il suffit alors de noter que P" est équivalent à P' sur E car (E,P") est tonnelé, vu le cas b), de la proposition I.7.1.

D'autre part, si L n'est pas dense dans (E,P'), il existe $f_o \in E \setminus L$ et $\tau_o \in (E,P')^*$ tel que le noyau de τ_o coincide avec L et que $\tau_o(f_o)$ égale 1. Il s'ensuit que (E,P') est isomorphe à la somme topologique de (L,P') et de $>f_o<$. De plus, on voit aisément que $(E,P'' + |\tau_o|)$ est isomorphe à la somme topologique de (L,P") et de $>f_o<$, donc est tonnelé. De là, P' est équivalent à $P'' + |\tau_o|$. □

Le cas de l'espace bornologique associé est assez semblable.

PROPOSITION I.8.2. Si L est un sous-espace linéaire de codimension finie de (E,P), alors $(E,P)_b$ induit dans L un système de semi-normes équivalent à celui de $(L,P)_b$.

Preuve. Bien sûr, il suffit d'établir l'énoncé pour un sous-espace L de codimension 1 dans E.

Soient Q le système de semi-normes de $(E,P)_b$ et Q' celui de $(L,P)_b$.

D'une part, (L,Q) est un espace bornologique car il s'agit d'un sous-espace de codimension finie d'un espace bornologique (E,Q). De plus, on a $Q \geq P$ sur E donc sur L et il s'ensuit qu'on a $Q \geq Q'$ sur L.

D'autre part, on a $Q \leq Q'$ sur L. De fait, une semi-boule quelconque de (E,Q) s'écrit

$$\langle \bigcup r_B B : B \text{ borné de } (E,P),\ r_B > 0 \rangle$$

et son intersection avec L contient évidemment l'ensemble

$$\langle \bigcup r_B (B \cap L) : B \text{ borné de } (E,P),\ r_B > 0 \rangle$$

qui est une semi-boule de (L,Q') car, pour tout borné de E, $B \cap L$ est borné dans L.

D'où la conclusion. □

En ce qui concerne le cas des espaces ultrabornologiques associés, les deux résultats qui suivent montrent que le problème se pose très différemment.

PROPOSITION I.8.3. Tout sous-espace linéaire fermé de codimension 1 d'un espace ultrabornologique est ultrabornologique.

Preuve. Soit L un sous-espace linéaire fermé de codimension 1 d'un espace ultrabornologique E. D'une part, L est un espace tonnelé, donc de Mackey. D'autre part, si τ_0 est une fonctionnelle linéaire sur L qui est bornée sur tout compact absolument convexe de L, tout prolongement linéaire τ de τ_0 à E est borné sur les compacts absolument convexes de E car un tel compact est contenu dans la somme de sa projection sur F et d'un compact absolument convexe de dimension 1. De là, τ est continu sur E et τ_0 est donc continu sur L. □

EXEMPLE I.8.4. Signalons que nous donnons à l'exemple III.2.8, un espace non ultrabornologique contenant un sous-espace linéaire dense et de codimension 1, qui est ultrabornologique.

Enfin notons encore l'exemple suivant relatif aux espaces de Mackey.

EXEMPLE I.8.5. Il existe un espace de Mackey dont un sous-espace linéaire de codimension 1 n'est pas de Mackey. Soit E un espace de Banach de dimension infinie et soit π une fonctionnelle linéaire non continue sur E_b^*. Alors le noyau $N(\pi) = \{\mathcal{T} \in E^* : \pi(\mathcal{T}) = 0\}$ est un sous-espace linéaire dense et de codimension 1 de E_b^*. Il existe donc un élément $\mathcal{T}_o$ de E^* tel que $E^* = N(\pi) + >\mathcal{T}_o<$. Cela étant, munissons E du système P des semi-normes de la convergence uniforme sur les parties absolument convexes et compactes de E_s^* incluses dans $N(\pi)$. Bien sûr, l'espace (E,P) est de Mackey. Considérons à présent le noyau $N(\mathcal{T}_o) = \{f \in E : \mathcal{T}_o(f) = 0\}$: c'est un sous-espace linéaire dense et de codimension 1 de (E,P). Pour conclure, prouvons que $[N(\mathcal{T}_o),P]$ n'est pas de Mackey. Procédons par l'absurde. Comme $[N(\mathcal{T}_o),P]$ est aussi un sous-espace linéaire de codimension 1 de $(E,P_{\mathcal{T}_o})$ et y est fermé, il s'ensuit que si $[N(\mathcal{T}_o),P]$ est de Mackey, alors $(E,P_{\mathcal{T}_o}) = [N(\mathcal{T}_o),P] + >f_o<$ est aussi un espace de Mackey. Or le dual de $(E,P_{\mathcal{T}_o})$ coïncide avec E^* et la boule unité b^Δ de E_b^* est un compact absolument convexe de E_s^* : il faudrait donc qu'il existe un compact absolument convexe $\mathcal{K}$ de E_s^*, inclus dans $N(\pi)$ et $r > 0$ tels que b^Δ soit inclus dans $\mathcal{K} + \langle r\mathcal{T}_o\rangle$, ce qui est absurde, vu la nature de $N(\pi)$.

CHAPITRE II

ESPACES COMPLETEMENT REGULIERS ET SEPARES

ET ESPACES DE FONCTIONS CONTINUES

On introduit les espaces complètement réguliers et séparés, ainsi que certains espaces qui leur sont associés : le compactifié de Stone-Čech, le replété et le μ-ifié. On introduit également les espaces $[C(X),\mathcal{P}]$ et $[C^b(X),\mathcal{Q}]$, c'est-à-dire les espaces $\mathcal{C}(X)$ et $\mathcal{C}^b(X)$ munis respectivement de systèmes de semi-normes de convergence uniforme sur des parties de νX et de βX. On étudie ensuite les espaces $\nu_Y X$ et $\mu_Y X$.

II.1. Espaces complètement réguliers et séparés

Si T est un espace topologique, notons $\mathcal{C}(T)$ [resp. $\mathcal{C}^b(T)$] l'algèbre linéaire des fonctions continues (resp. continues et bornées) réelles ou complexes sur T.

DEFINITION II.1.1. Un espace complètement régulier et séparé X est un espace topologique séparé tel que, pour tout fermé F et tout point $x \notin F$, il existe $f \in \mathcal{C}(X)$ tel que $f(X) \subset [0,1]$, $f(x) = \{0\}$ et $f(F) = \{1\}$.

Bien sûr, tout sous-espace d'un espace linéaire à semi-normes est un espace complètement régulier et séparé. Nous établirons la réciproque au paragraphe II.3.

Rappelons le résultat suivant : il justifie le fait que, dans toute la suite de ce travail, nous allons supposer que X est un espace complètement régulier et séparé et ne considérer les espaces de fonctions continues que sur un tel espace X.

THEOREME II.1.2. Pour tout espace topologique T, il existe un espace complètement régulier et séparé X, et une application continue et surjective τ de T sur X telle que l'opérateur R défini par $Rf = f\circ\tau$ soit un isomorphisme entre les algèbres linéaires $\mathcal{C}(X)$ et $\mathcal{C}(T)$, donc pour lequel on a $R\mathcal{C}^b(X) = \mathcal{C}^b(T)$.

De plus, toute application continue σ *de* T *dans un espace complètement régulier et séparé* Y *se factorise de façon unique au moyen d'une application continue* $\tilde{\sigma}$ *de* X *dans* Y : *on a* $\sigma = \tilde{\sigma} \circ \tau$.

Rappelons en outre les propriétés fondamentales suivantes des espaces complètement réguliers et séparés.

THEOREME II.1.3. *La topologie de* X *est équivalente aux topologies initiales associées à* $\mathscr{C}(X)$ *et à* $\mathscr{C}^b(X)$: *une base fondamentale de la famille des voisinages de* $x_o \in X$ *est donnée par les ensembles*

$$\{x \in X: \sup_{(i)} |f_i(x) - f_i(x_o)| < r\}, \ [f_i \in \mathscr{C}(X) \text{ ou } \mathscr{C}^b(X), \ r > 0],$$

où $\sup\limits_{(i)}$ signifie que la borne supérieure ne porte que sur un nombre fini d'indices; X *est donc un espace uniformisable*.

THEOREME II.1.4.

a) *Toute fonction* f *continue sur un compact* K *de* X *admet un prolongement continu* $\tilde{f}$ *à* X *tel que*

$$\sup_{x \in X} |\tilde{f}(x)| = \sup_{x \in K} |f(x)| .$$

b) *Si* K *et* F *sont respectivement un compact et un fermé disjoints de* X, *il existe* $f \in \mathscr{C}(X)$ *tel que*

$$f(X) \subset [0,1], \ f(K) = \{0\}, \ f(F) = \{1\}.$$

REMARQUE II.1.5. Nous supposons connue la théorie des espaces complètement réguliers et séparés; nous renvoyons par exemple à [1], [3], [16] ou [18].

II.2. *Caractères de* $\mathscr{C}(X)$ *et de* $\mathscr{C}^b(X)$

DEFINITION II.2.1. Un *caractère de* $\mathscr{C}(X)$ [resp. $\mathscr{C}^b(X)$] est une fonctionnelle linéaire multiplicative et non nulle sur $\mathscr{C}(X)$ [resp. $\mathscr{C}^b(X)$].

Rappelons brièvement quelques propriétés fondamentales des caractères de $\mathscr{C}(X)$ et de $\mathscr{C}^b(X)$.

THEOREME II.2.2. <u>Si</u> τ <u>est un caractère de</u> $\mathscr{C}^b(X)$,

a) $\tau(1) = 1$,

b) $\tau(f) \in \overline{f(X)}$ <u>et</u> $|\tau(f)| = \tau(|f|)$ <u>pour tout</u> $f \in \mathscr{C}^b(X)$,

c) <u>pour tout</u> $n \in \mathbb{N}$, <u>tous</u> $f_1,\ldots,f_n \in \mathscr{C}^b(X)$ <u>et tout</u> $\varepsilon > 0$, <u>il existe</u> $x \in X$ <u>tel que</u>

$$\sup_{i \leq n} |f_i(x) - \tau(f_i)| \leq \varepsilon.$$

<u>Preuve</u>. a) De fait, il existe $f \in \mathscr{C}^b(X)$ tel que $\tau(f)$ diffère de 0 et on doit avoir $\tau(f) = \tau(1.f) = \tau(1).\tau(f)$.

b) Prouvons tout d'abord qu'on a $\tau(f) \in \overline{f(X)}$ pour tout $f \in \mathscr{C}^b(X)$. Cela a lieu si et seulement si $\inf_{x \in X} |f(x) - \tau(f)| = 0$.

Or s'il existe $f \in \mathscr{C}^b(X)$ tel que cette borne inférieure diffère de 0, la fonction $[f-\tau(f)]^{-1}$ appartient à $\mathscr{C}^b(X)$ et on obtient la contradiction

$$\tau(1) = \tau\{[f-\tau(f)]\,[f-\tau(f)]^{-1}\} = 0.$$

De là, pour tout f positif appartenant à $\mathscr{C}^b(X)$, $\tau(f)$ est positif. Il s'ensuit que, pour tout $f \in \mathscr{C}^b(X)$, on a

$$[\tau(|f|)]^2 = \tau(|f|^2) = \tau(f\overline{f}) = |\tau(f)|^2,$$

d'où $\tau(|f|) = |\tau(f)|$ car $\tau(|f|)$ est positif.

c) De fait, la fonction $g = \sum_{i=1}^{n} |f_i - \tau(f_i)|$ appartient à $\mathscr{C}^b(X)$ et est telle que $\tau(g) = 0$, d'où $0 \in \overline{g(X)}$. □

THEOREME II.2.3. <u>Si</u> τ <u>est un caractère de</u> $\mathscr{C}(X)$,

a) $\tau(1) = 1$,

b) $\tau(f) \in f(X)$ <u>et</u> $|\tau(f)| = \tau(|f|)$ <u>pour tout</u> $f \in \mathscr{C}(X)$,

c) <u>pour toute suite</u> $f_n \in \mathscr{C}(X)$, <u>il existe</u> $x \in X$ <u>tel que</u> $\tau(f_n) = f_n(x)$ <u>pour tout</u> n.

<u>Preuve</u>. a) s'établit comme au théorème précédent.

b) Soit $f \in \mathscr{C}(X)$. Alors $g = f - \tau(f)$ appartient à $\mathscr{C}(X)$ et est tel que $\tau(g) = 0$. De là, il existe $x \in X$ tel que $g(x) = 0$ sinon $1/g$ appartient à $\mathscr{C}(X)$ et on a la contradiction $\tau(1) = \tau(g.1/g) = 0$. On en déduit que $f(x)$ est égal à $\tau(f)$ et on conclut alors comme au théorème précédent.

c) Pour tout n, posons

$$g_n = 2^{-n} \frac{|f_n - \tau(f_n)|}{1 + |f_n - \tau(f_n)|}.$$

Alors chaque g_n appartient à $\mathscr{C}^b(X)$ et est tel que $\tau(g_n) = 0$. De plus, la série $\sum_{n=1}^{\infty} g_n$ converge uniformément sur X; soit g sa limite. On a alors $g \in \mathscr{C}^b(X)$ et

$$|\tau(g)| = \left|\tau(g) - \tau\left(\sum_{n=1}^{N} g_n\right)\right| = \left|\tau\left(\sum_{n=N+1}^{\infty} g_n\right)\right| \leq 2^{-N}, \forall N \in \mathbb{N},$$

c'est-à-dire $\tau(g) = 0$. Vu b), il existe donc $x \in X$ tel que $g(x) = 0$, donc tel que $g_n(x) = 0$ pour tout n. D'où la conclusion. □

COROLLAIRE II.2.4. <u>Tout caractère</u> τ <u>de</u> $\mathscr{C}(X)$ <u>est borné sur tout borné ponctuel</u> B <u>de</u> $\mathscr{C}(X)$.

<u>Preuve</u>. De fait, vu la partie c) du théorème précédent, τ est borné sur toute suite extraite de B. □

THEOREME II.2.5. <u>La restriction à</u> $\mathscr{C}^b(X)$ <u>de tout caractère de</u> $\mathscr{C}(X)$ <u>est un caractère de</u> $\mathscr{C}^b(X)$. <u>Inversement un caractère de</u> $\mathscr{C}^b(X)$ <u>est la restriction à</u> $\mathscr{C}^b(X)$ <u>d'un caractère de</u> $\mathscr{C}(X)$ <u>si et seulement si on a</u> $\tau(f) > 0$ <u>pour tout</u> $f \in \mathscr{C}^b(X)$, <u>strictement positif</u>.

<u>Preuve</u>. Seule la suffisance de la condition de la dernière partie de l'énoncé n'est pas immédiate.

Soit τ un caractère de $\mathscr{C}^b(X)$ tel que $\tau(f)$ soit strictement positif pour tout $f \in \mathscr{C}^b(X)$ strictement positif et considérons la loi $\mathcal{Q}$ définie sur le cône des éléments positifs de $\mathscr{C}(X)$ par

$$\mathcal{Q}(f) = \{\tau[(1+f)^{-1}]\}^{-1} - 1.$$

Si $f \in \mathscr{C}^b(X)$ est positif, on a visiblement $\mathcal{Q}(f) = \mathcal{T}(f)$.

Si f et $g \in \mathscr{C}(X)$ sont positifs, on vérifie aisément qu'on a

$$\mathcal{Q}(f+g) = \mathcal{Q}(f) + \mathcal{Q}(g) \text{ et } \mathcal{Q}(fg) = \mathcal{Q}(f)\mathcal{Q}(g)$$

et que, pour tout $r \geq 0$, on a

$$\mathcal{Q}(rf) = r\,\mathcal{Q}(f).$$

De là, puisque $\mathscr{C}(X)$ satisfait aux conditions algébriques des espaces complexes modulaires, $\mathcal{Q}$ est la restriction au cône des éléments positifs d'une fonctionnelle linéaire $\tilde{\mathcal{Q}}$ sur $\mathscr{C}(X)$ et on voit aisément qu'il s'agit d'un caractère de cet espace. □

II.3. <u>Compactifié de Stone - Čech</u> βX <u>de</u> X

DEFINITION II.3.1. Le <u>compactifié de Stone-Čech</u> βX <u>de</u> X est l'ensemble des caractères de $\mathscr{C}^b(X)$ muni de la topologie induite par $[\mathscr{C}^b(X)]^{*alg}_s$. De la sorte, βX est un espace complètement régulier et séparé. C'est même un espace uniforme, une famille fondamentale de semi-distances étant donnée par les expressions

$$\sup_{(i)} |\mathcal{T}(f_i) - \mathcal{Q}(f_i)|\,,\ \forall \mathcal{T},\ \mathcal{Q} \in \beta X,$$

où les f_i parcourent $\mathscr{C}^b(X)$. Chaque fois que nous considérons βX, c'est cet espace uniforme que nous considérons, sauf mention explicite du contraire.

REMARQUE II.3.2. Vu la partie a) du théorème II.3.3, βX est compact. On sait qu'alors il y a équivalence des uniformités compatibles avec la structure topologique de βX.

A tout point $x \in X$, on peut associer la mesure de Dirac $\mathcal{T}_x$ définie par $\mathcal{T}_x(f) = f(x)$ pour tout $f \in \mathscr{C}^b(X)$. Bien sûr, $\mathcal{T}_x$ est alors un caractère de $\mathscr{C}^b(X)$ et on obtient de la sorte un homéomorphisme de X sur $\mathcal{T}X = \{\mathcal{T}_x : x \in X\}$, $\mathcal{T}X$ étant dense dans βX vu la partie c) du théorème II.2.2.

C'est pourquoi dorénavant, nous identifierons X et $\mathcal{T}X$: cela revient à considérer X comme étant un sous-espace dense de βX. Tout espace complètement régulier et séparé apparaît ainsi comme étant un sous-espace d'un espace linéaire à semi-normes.

Pour une étude de βX, nous renvoyons à [1], [3], [16] ou [18]. Voici cependant brièvement quelques propriétés fondamentales de βX, qui suffiront pour la suite.

THEOREME II.3.3.

a) L'espace βX est compact.

b) Tout $f \in \mathscr{C}^b(X)$ admet un prolongement continu unique τf sur βX, défini par

$$(\tau f)(\mathfrak{r}) = \mathfrak{r}(f), \ \forall \mathfrak{r} \in \beta X,$$

et τ est un isomorphisme entre les algèbres linéaires $\mathscr{C}^b(X)$ et $\mathscr{C}^b(\beta X)$.

Plus généralement, toute application continue π de X dans un espace complètement régulier et séparé Y admet un prolongement continu unique de βX dans βY.

c) On a $X = \beta X$ si et seulement si X est compact.

Preuve. a) De fait, βX est homéomorphe à un sous-espace fermé du compact $\prod_{f \in \mathscr{C}^b(X)} \overline{f(X)}$.

b) Il est immédiat que τf est continu sur βX. L'unicité de ce prolongement continu résulte alors de la densité de X dans βX. On vérifie ensuite aisément que τ est un isomorphisme entre les algèbres linéaires $\mathscr{C}^b(X)$ et $\mathscr{C}^b(\beta X)$.

De plus, pour tout $g \in \mathscr{C}^b(Y)$, on a $g \circ \pi \in \mathscr{C}^b(X)$. On peut donc définir une application $\tilde{\pi}$ sur βX par $(\tilde{\pi}\mathfrak{r})(g) = \mathfrak{r}(g \circ \pi)$ pour tout $\mathfrak{r} \in \beta X$. On démontre alors aisément que $\tilde{\pi}$ est un prolongement continu de π à βX, l'unicité de ce prolongement continu résultant de la densité de X dans βX.

c) Vu a), il suffit de noter que si X est compact, on a $X = \beta X$ vu la densité de X dans βX. $\square$

Vu la partie b) du théorème précédent, nous convenons d'identifier les algèbres linéaires $\mathscr{C}^b(X)$ et $\mathscr{C}^b(\beta X)$. Ceci nous amène à définir le support d'un élément f de $\mathscr{C}^b(X)$ comme étant l'ensemble $\overline{\{x \in \beta X : f(x) \neq 0\}}^{\beta X}$; nous le notons $[f]$ ou supp f.

II.4. <u>Replété</u> υX <u>de</u> X

DEFINITION II.4.1. Le <u>replété</u> υX <u>de</u> X est l'ensemble des caractères de $\mathscr{C}(X)$ muni de la topologie induite par $[\mathscr{C}(X)]_s^{*alg}$. De la sorte, υX est un espace complètement régulier et séparé. C'est même un espace uniforme, une famille fondamentale de semi-distances étant donnée par les expressions

$$\sup_{(i)} |\tau(f_i) - Q(f_i)|, \forall \tau, Q \in \upsilon X,$$

où les f_i parcourent $\mathscr{C}(X)$. Lorsque nous considérons υX, c'est cet espace uniforme que nous considérons, sauf mention explicite du contraire.

Pour une étude de υX, nous renvoyons à [3], [16] ou [18]. Voici cependant brièvement quelques propriétés de υX, qui suffiront pour la suite.

Tout comme au paragraphe II.3, on obtient un homéomorphisme entre X et $\tau X = \{\tau_x : x \in X\}$, considéré comme sous-espace de υX: c'est pourquoi dorénavant nous identifions X au sous-espace τX de υX : cela revient à considérer X comme étant un sous-espace dense de υX, vu la partie c) du théorème II.2.3.

THEOREME II.4.2. <u>En tant qu'espaces topologiques</u>, X <u>est un sous-espace de</u> υX <u>et</u> υX <u>est un sous-espace de</u> βX, X <u>étant dense dans</u> βX.

<u>Preuve</u>. En tant qu'ensembles, on a évidemment $X \subset \upsilon X \subset \beta X$. De plus, nous savons déjà que X est un sous-espace de υX et de βX, et que X est dense dans βX. Pour conclure, il suffit de noter que la structure uniforme induite par βX sur υX est équivalente à celle déterminée par $\mathscr{C}^b(\upsilon X)$ et d'appliquer le théorème II.1.3. □

THEOREME II.4.3.

a) <u>L'espace</u> υX <u>est complet</u>.

b) <u>Tout</u> $f \in \mathscr{C}(X)$ <u>admet un prolongement continu unique</u> τf <u>sur</u> υX, <u>défini par</u>

$$(\tau f)(\tau) = \tau(f), \forall \tau \in \upsilon X,$$

et τ *est un isomorphisme entre les algèbres linéaires* $\mathscr{C}(X)$ *et* $\mathscr{C}(\upsilon X)$.

Plus généralement, toute application continue π *de* X *dans un espace complètement régulier et séparé* Y *admet un prolongement continu unique de* υX *dans* υY.

c) *On a* $X = \upsilon X$ *si et seulement si toute application continue d'un espace complètement régulier et séparé* Y *dans* X *admet un prolongement continu de* υY *dans* X.

Preuve. a) est immédiat et, pour b), on procède comme au théorème II.3.3.

c) Vu b), il suffit de considérer le cas de l'application identité I_X de $Y = \upsilon X$ dans X. □

Vu la partie b) du théorème précédent, nous convenons d'identifier les algèbres linéaires $\mathscr{C}(X)$ et $\mathscr{C}(\upsilon X)$. Ceci nous amène à définir le support d'un élément f de $\mathscr{C}(X)$ comme étant l'ensemble $\overline{\{x \in \upsilon X : f(x) \neq 0\}}^{\upsilon X}$; nous le notons $[f]$, ou supp f.

DEFINITION II.4.4. L'espace X est *replet* si $X = \upsilon X$. Comme exemples d'espaces replets, citons les espaces de Lindelöf. De plus, un espace discret est replet si et seulement s'il est de cardinalité modérée.

II.5. *Parties bornantes de* X [3]

Introduisons une famille importante de parties de X.

DEFINITION II.5.1. Une partie B de X est *bornante* (on dit aussi qu'elle est *bornée*) si f(B) est borné pour tout $f \in \mathscr{C}(X)$.

La terminologie localement convexe pour une notion topologique peut étonner a priori. Mais, en fait, on voit que B est bornant dans X si et seulement si $\{\mathscr{T}_x : x \in B\}$ est borné dans $[\mathscr{C}(X)]_s^{*alg}$.

La famille des parties bornantes de X a de bonnes propriétés de stabilité : toute partie d'un ensemble bornant de X est bornante dans X, toute union finie de parties bornantes de X est bornante dans X et toute image d'une partie bornante de X par une application continue de X dans un espace complètement régulier et séparé Y est bornante dans Y.

Comme exemples de parties bornantes de X, on a, bien sûr, toutes les parties relativement dénombrablement compactes de X, mais la réciproque n'est pas exacte car il existe des espaces X pseudo-compacts et non relativement dénombrablement compacts.

Voici une propriété remarquable des parties bornantes de X.

THEOREME II.5.2. <u>Toute partie bornante de</u> υX, <u>donc de</u> X, <u>est relativement compacte dans</u> υX.

<u>Preuve</u>. De fait, toute partie bornante de υX est bornée dans $[\mathscr{C}(X)]_s^{*alg}$, donc est précompacte dans cet espace et par là, précompacte dans υX. D'où la conclusion car υX est complet. □

II.6. μ-<u>espace associé à</u> X : μX [3]

DEFINITION II.6.1. Le μ-<u>espace associé à</u> X, noté μX, est le plus petit sous-espace de υX, qui, à la fois, contient X et où toute partie bornante est relativement compacte.

Cette définition a un sens car υX contient X et, vu le théorème II.5.2, toute partie bornante de υX est relativement compacte dans υX. De plus, on voit aisément qu'une intersection quelconque de sous-espaces de υX contenant X et où toute partie bornante est relativement compacte, est un espace du même type.

On peut également donner une construction transfinie de μX: on pose

$$X'' = \bigcup_{B \in \mathscr{B}(X)} \overline{B}^{\upsilon X},$$

où $\mathscr{B}(X)$ désigne la famille des parties bornantes de X; puis, par récurrence, pour tout ordinal α, $X_\alpha = (X_{\alpha-1})''$ si α a un prédécesseur et $X_\alpha = \bigcup_{\beta<\alpha} X_\beta$ si α est un ordinal limite. On vérifie aisément qu'on a $X \subset X_\alpha \subset \mu X$ pour tout ordinal α, qu'il existe un plus petit ordinal μ tel que $X_\mu = X_{\mu+1}$ et qu'alors $X_\mu = \mu X$.

REMARQUE II.6.2. Vu nos conventions précédentes, nous identifierons également $\mathscr{C}(X)$ et $\mathscr{C}(\mu X)$.

THEOREME II.6.3. <u>Toute application continue de</u> X <u>dans un espace complètement régulier et séparé</u> Y <u>admet un prolongement continu unique de</u> μX <u>dans</u> μY.

<u>Preuve</u>. Soient τ une application continue de X dans Y, et $\tilde{\tau}$ son prolongement continu unique de υX dans υY. Pour conclure, il suffit de prouver que $\tilde{\tau}(\mu X) \subset \mu Y$ car la densité de X dans υX, donc dans μX, assure l'unicité du prolongement continu.

Il suffit de prouver que toute partie bornante B de $\tilde{\tau}_{-1}(\mu Y)$ est relativement compacte dans $\tilde{\tau}_{-1}(\mu Y)$. Or $\tilde{\tau}B$ est alors bornant dans μY, donc est relativement compact dans μY : de là, on a

$$\overline{B}^{\tilde{\tau}_{-1}(\mu Y)} \subset \tilde{\tau}_{-1}\left(\overline{\tilde{\tau}B}^{\mu Y}\right),$$

et $\overline{B}^{\tilde{\tau}_{-1}(\mu Y)}$ est fermé et bornant dans υX, donc est compact dans υX. Dès lors, $\overline{B}^{\tilde{\tau}_{-1}(\mu Y)}$ est compact dans $\tilde{\tau}_{-1}(\mu Y)$, d'où la conclusion. □

DEFINITION II.6.4. Si X est égal à μX, on dit que X est un <u>μ-espace</u>.

Comme exemples de μ-espaces, citons, bien sûr, les espaces replets. De plus, tout espace paracompact est un μ-espace; en particulier, tout espace métrisable, donc tout espace discret, est un μ-espace.

II.7. <u>Systèmes de semi-normes sur</u> $\mathscr{C}(X)$ <u>et sur</u> $\mathscr{C}^b(X)$

a) Envisageons tout d'abord le cas de l'espace $\mathscr{C}(X)$.

Remarquons qu'une partie non vide B de υX est bornante dans υX si et seulement si la loi $\|\cdot\|_B$, définie sur $\mathscr{C}(X)$ par

$$\|f\|_B = \sup_{x \in B} |f(x)| , \forall f \in \mathscr{C}(X),$$

est une semi-norme sur $\mathscr{C}(X)$.

PROPOSITION II.7.1. <u>Si</u> $\mathscr{P}$ <u>est une famille de parties bornantes de</u> υX, <u>alors l'ensemble</u>

$$\{ \|\cdot\|_B : B \in \mathscr{P}\}$$

<u>est un système de semi-normes sur</u> $\mathscr{C}(X)$ <u>si et seulement si les deux conditions suivantes sont satisfaites</u> :

- $\cup \{B : B \in \mathcal{P}\}$ <u>est dense dans</u> υX,

- <u>pour tous</u> $B_1, B_2 \in \mathcal{P}$, <u>il existe</u> $B \in \mathcal{P}$ <u>tel que</u> $B_1 \cup B_2 \subset \bar{B}^{\upsilon X}$.

<u>Preuve</u>. De fait, la première condition est équivalente à la séparation de l'ensemble de semi-normes considéré et la seconde à sa filtration. □

Remarquons en outre que, pour toute partie bornante B de υX et tout $f \in \mathcal{C}(X)$, nous avons

$$\|f\|_B = \|f\|_{\bar{B}^Z}$$

quel que soit le sous-espace Z de υX dense dans υX et contenant B.

Le système de semi-normes de convergence uniforme sur des parties de υX le plus général sur l'espace $\mathcal{C}(X)$ est donc le système $P_{\mathcal{P}}$ que nous introduisons ci-après.

NOTATIONS II.7.2. Sauf mention explicite du contraire, dans tout ce qui suit,

- $\mathcal{P}$ désigne une famille de parties bornantes de υX, qui définit un système de semi-normes sur $\mathcal{C}(X)$,

- $P_{\mathcal{P}}$ désigne le système de semi-normes $\{\|\cdot\|_B : B \in \mathcal{P}\}$,

- $Y_{\mathcal{P}}$ désigne la réunion de la famille $\mathcal{P}$: on a

$$Y_{\mathcal{P}} = \bigcup \{B : B \in \mathcal{P}\}.$$

Nous exigeons en outre, ce qui n'apporte aucune restriction sur $\mathcal{P}$, que $\mathcal{P}$ contienne l'adhérence dans $Y_{\mathcal{P}}$ de chacun de ses éléments, ainsi que toute partie de ses éléments.

EXEMPLES II.7.3. Voici trois exemples fondamentaux de familles de parties de υX, du type $\mathcal{P}$. Soit Y un sous-espace dense de υX, alors

1) $\mathcal{A}(Y)$ désigne la famille des parties finies de Y.

2) $\mathcal{K}(Y)$ désigne la famille des parties relativement compactes de Y.

3) $\mathcal{B}(\upsilon X, Y)$ désigne la famille des parties bornantes de υX qui sont contenues dans Y. En particulier, on pose $\mathcal{B}(X) = \mathcal{B}(\upsilon X, X)$.

b) Envisageons à présent le cas de l'espace $\mathscr{C}^b(X)$.

Ici, pour toute partie A de βX, la loi $\|\cdot\|_A$ définie sur $\mathscr{C}^b(X)$ par

$$\|f\|_A = \sup_{x \in A} |f(x)| , \forall f \in \mathscr{C}^b(X),$$

est une semi-norme sur $\mathscr{C}^b(X)$; c'est une norme si et seulement si A est dense dans βX.

En procédant comme dans la proposition II.7.1, on obtient le résultat suivant.

PROPOSITION II.7.4. <u>Si $\mathcal{Q}$ est une famille de parties de</u> βX, <u>alors l'ensemble</u>

$$\{\|\cdot\|_A : A \in \mathcal{Q}\}$$

<u>est un système de semi-normes sur</u> $\mathscr{C}^b(X)$ <u>si et seulement si les deux conditions suivantes sont satisfaites</u> :

- $\cup \{A : A \in \mathcal{Q}\}$ <u>est dense dans</u> βX,
- <u>pour tous</u> $A_1, A_2 \in \mathcal{Q}$, <u>il existe</u> $A \in \mathcal{Q}$ <u>tel que</u> $A_1 \cup A_2 \subset \bar{A}^{\beta X}$. □

Remarquons en outre que, pour toute partie A de βX et tout $f \in \mathscr{C}^b(X)$, nous avons

$$\|f\|_A = \|f\|_{\bar{A}^Z}$$

quel que soit le sous-espace Z de βX dense dans βX et contenant A.

Le système de semi-normes de convergence uniforme sur des parties de βX le plus général sur l'espace $\mathscr{C}^b(X)$ est donc le système $P_{\mathcal{Q}}$ que nous introduisons ci-après.

NOTATION II.7.5. Sauf mention explicite du contraire, dans tout ce qui suit,

- $\mathcal{Q}$ désigne une famille de parties de βX, qui définit un système de semi-normes sur $\mathscr{C}^b(X)$,
- $P_{\mathcal{Q}}$ désigne le système de semi-normes $\{\|\cdot\|_A : A \in \mathcal{Q}\}$,
- $Y_{\mathcal{Q}}$ désigne la réunion de la famille $\mathcal{Q}$: on a

$$Y_{\mathcal{Q}} = \cup \{A : A \in \mathcal{Q}\}.$$

Nous exigeons en outre, ce qui n'apporte aucune restriction sur $\mathcal{Q}$, que $\mathcal{Q}$ contienne l'adhérence dans $Y_{\mathcal{Q}}$ de chacun de ses éléments, ainsi que toute partie de ses éléments.

EXEMPLES II.7.6. Voici quelques exemples fondamentaux de familles de parties de βX, du type $\mathcal{Q}$. Soit Y un sous-espace dense de βX, alors

1) la famille $\mathfrak{p}(Y)$ des parties de Y est une famille du type $\mathcal{Q}$.

2) les familles $\mathcal{A}(Y)$ et $\mathcal{K}(Y)$ introduites aux exemples II.7.3 sont des familles du type $\mathcal{Q}$. De plus, si Y contient υX, la famille $\mathcal{B}(\upsilon X;Y)$ introduite aux exemples II.7.3 est une famille du type $\mathcal{Q}$.

II.8. Espaces $[C(X),\mathcal{P}]$ et $[C^b(X),\mathcal{Q}]$

NOTATIONS II.8.1. Muni du système de semi-normes $P_{\mathcal{P}}$, l'espace $\mathcal{C}(X)$ est noté $[C(X),\mathcal{P}]$ ou $C_{\mathcal{P}}(X)$. Muni du système de semi-normes $P_{\mathcal{Q}}$, l'espace $\mathcal{C}^b(X)$ est noté $[C^b(X),\mathcal{Q}]$ ou $C^b_{\mathcal{Q}}(X)$.

Introduisons également quelques notations particulières réservées à des exemples très importants de tels espaces.

EXEMPLES II.8.2. Nous adoptons les notations suivantes.

1) $C_s(X) = [C(X), \mathcal{A}(X)]$, $C^b_s(X) = [C^b(X), \mathcal{A}(X)]$. On dit alors que l'espace considéré est muni du système des semi-normes de la convergence <u>simple</u> ou <u>ponctuelle</u>.

2) $C_c(X) = [C(X), \mathcal{K}(X)]$, $C^b_c(X) = [C^b(X), \mathcal{K}(X)]$. On dit alors que l'espace considéré est muni du système des semi-normes de la convergence <u>compacte</u>.

3) $C_b(X) = [C(X), \mathcal{B}(X)]$, $C^b_b(X) = [C^b(X), \mathcal{B}(X)]$, on dit alors que l'espace considéré est muni du système des semi-normes de la convergence <u>bornante</u> ou <u>bornée</u> [4].

4) $C^b(X) = [C^b(X),\mathfrak{p}(X)]$. C'est l'espace $\mathcal{C}^b(X)$ muni de la norme de la convergence <u>uniforme</u>.

II.9. <u>Espace</u> $\upsilon_Y X$ [46]

Dans la recherche de l'espace ultrabornologique associé à un espace $[C(X),\mathcal{P}]$, nous serons amenés à introduire l'espace auxiliaire $\upsilon_Y X$ étudié ci-après et à donner une importance considérable au cas où $\upsilon_Y X$ est égal à υX.

DEFINITION II.9.1. Si Y est un sous-espace dense de υX, l'<u>espace</u> $\upsilon_Y X$ est le sous-espace de υX de tous les éléments $x \in \upsilon X$ où tout borné absolument convexe complétant de $[C(X), \mathcal{a}(Y)]$ est borné.

L'introduction de cet espace est naturelle : $\upsilon_Y X$ consiste en fait en tous les caractères de $\mathcal{C}(X)$ qui sont continus sur l'espace ultrabornologique associé à $[C(X), \mathcal{a}(Y)]$.

Voici un critère général qui assure l'égalité des espaces υX et $\upsilon_Y X$.

PROPOSITION II.9.2. <u>Soit</u> Y <u>un sous-espace dense de</u> υX. <u>Alors</u> $\upsilon_Y X$ <u>est égal à</u> υX <u>si et seulement si</u> $\upsilon_Y X$ <u>contient</u> X.

<u>En particulier, on a toujours</u> $\upsilon_X X = \upsilon X$.

<u>Preuve</u>. La condition est évidemment nécessaire.

Elle est suffisante. Soit x un élément de υX. Si x n'appartient pas à $\upsilon_Y X$, il existe un borné absolument convexe complétant B de $[C(X), \mathcal{a}(Y)]$ qui n'est pas borné en x. Il existe donc une suite $f_n \in B$ non bornée en x, donc non bornée en un point $x' \in X$, vu la partie c) du théorème II.2.3, et dès lors $\upsilon_Y X$ ne peut contenir X. D'où la conclusion. □

Voici à présent quelques résultats qui établissent que, pour certaines classes d'espaces X, on a l'égalité $\upsilon_Y X = \upsilon X$ quel que soit le sous-espace dense Y de X.

PROPOSITION II.9.3. <u>Si</u> Y <u>est un sous-espace dense de</u> υX <u>tel que tout élément de</u> X <u>soit la limite dans</u> υX <u>d'une suite d'éléments de</u> Y, <u>alors</u> $\upsilon_Y X$ <u>est égal à</u> υX.

<u>En particulier, si l'espace</u> X <u>est métrisable, on a l'égalité</u> $\upsilon_Y X = \upsilon X$ <u>quel que soit le sous-espace dense</u> Y <u>de</u> X.

<u>Preuve</u>. Si $\upsilon_Y X$ diffère de υX, la proposition précédente établit l'existence d'un point $x_0 \in X$ n'appartenant pas à $\upsilon_Y X$: il existe donc un borné absolument convexe complétant B de

$[C(X), \mathfrak{a}(Y)]$ qui n'est pas borné en x_o.

Nous pouvons bien sûr définir une fonction F sur $\upsilon_Y X$ par

$$F(y) = \sup_{f \in B} |f(y)|, \forall y \in \upsilon_Y X.$$

Soit en outre y_n une suite d'éléments de Y qui converge dans υX vers x_o. Vu la définition de F, nous avons donc $F(y_n) \to +\infty$ car, pour tout $r > 0$, il existe $f \in B$ tel que $|f|$ majore r sur un voisinage de x_o.

Cela étant, nous allons établir l'existence d'une sous-suite $z_n = y_{k_n}$ de y_n et d'une suite $f_n \in B$ telles que

$$F(z_n) > 2^{4n+2}, \forall n, \tag{1}$$

$$|f_n(z_n)| > F(z_n) - 1, \forall n, \tag{2}$$

et

$$|f_p(z_n)| \leqslant 2^{-2n-1} F(z_n), \forall p < n, \forall n. \tag{3}$$

Bien sûr, il existe k_1 tel que $F(y_{k_1}) > 2^{4+2}$ et dès lors, il existe $f_1 \in B$ tel que

$$|f_1(y_{k_1})| > F(y_{k_1}) - 1 .$$

A présent, si les y_{k_j} et les f_j sont déterminés pour tout $j < n$, il existe un voisinage V_n de x_o dans υX tel que

$$|f_p(x)| \leqslant |f_p(x_o)| + 1, \forall p < n, \forall x \in V_n,$$

et nous pouvons alors déterminer un entier k_n tel que $k_n > k_{n-1}$ et $y_{k_n} \in V_n$, y_{k_n} satisfaisant en outre aux inégalités

$$F(y_{k_n}) > 2^{4n+2}$$

et

$$|f_p(y_{k_n})| \leqslant |f_p(x_o)| + 1 < 2^{-2n-1} F(y_{k_n}), \forall p < n.$$

La définition de F procure alors un élément $f_n \in B$ tel que

$$|f_n(y_{k_n})| > F(y_{k_n}) - 1.$$

A présent, comme la suite f_n appartient à B, la série

$$f = \sum_{n=1}^{\infty} 2^{-2n} f_n$$

converge en tout point $y \in Y$ et est égale sur Y à la restriction à Y d'une fonction continue sur υX. En particulier, la suite $f(z_n)$ doit converger vers une limite finie.

Cependant nous avons

$$\left|\sum_{p=1}^{\infty} 2^{-2p} f_p(z_n)\right|$$

$$\geqslant 2^{-2n} |f_n(z_n)| - \sum_{p=1}^{n-1} 2^{-2p} |f_p(z_n)| - \sum_{p=n+1}^{\infty} 2^{-2p} |f_p(z_n)|$$

$$\geqslant 2^{-2n} [F(z_n) -1] - \sum_{p=1}^{n-1} 2^{-2p-2n-1} F(z_n) - \sum_{p=n+1}^{\infty} 2^{-2p} F(z_n)$$

$$\geqslant (2^{-2n} - 2^{-2n-2} - 2^{-2n-1}) F(z_n) - 2^{-2n}$$

$$\geqslant 2^{2n} - 2^{-2n}.$$

D'où une contradiction. □

PROPOSITION II.9.4. <u>Si</u> Y <u>est un sous-espace dense de</u> υX <u>et si tout élément de</u> X <u>admet un voisinage bornant, alors</u> $\upsilon_Y X$ <u>est égal à</u> υX.

<u>En particulier, si</u> X <u>est localement compact ou pseudo-compact</u>(1), <u>on a l'égalité</u> $\upsilon_Y X = \upsilon X$ <u>quel que soit le sous-espace dense</u> Y <u>de</u> υX.

<u>Preuve</u>. La démonstration est assez analogue à celle de la proposition précédente.

Encore une fois, si $\upsilon_Y X$ diffère de υX, il existe un point $x_o \in X$ et un borné absolument convexe complétant B de $[C(X), \mathcal{a}(Y)]$ qui n'est pas borné en x_o, et nous pouvons définir la fonction F sur $\upsilon_Y X$.

Il existe alors un voisinage V de x_o dans υX, qui est bornant. De fait, si U est un voisinage ouvert de x_o dans X, qui est bornant, il existe un ouvert G de υX tel que $U = G \cap X$

---

(1) L'espace X est <u>pseudo-compact</u> si toute fonction continue sur X est bornée sur X.

et, comme X est dense dans υX, on a

$$\overline{U}^{\upsilon X} = \overline{G\cap X}^{\upsilon X} = \overline{G\cap \overline{X}^{\upsilon X}}^{\upsilon X} = \overline{G}^{\upsilon X}$$

et G apparaît comme étant un voisinage bornant de x_o dans υX.

Cela étant, établissons l'existence d'une suite $z_n \in V\cap Y$ et d'une suite $f_n \in B$ satisfaisant aux conditions (1), (2) et (3) de la démonstration précédente.

Bien sûr, F n'est pas borné sur $V\cap Y$. Il existe donc $z_1 \in V\cap Y$ tel que $F(z_1) > 2^{4+2}$ et dès lors, il existe $f_1 \in B$ tel que

$$|f_1(z_1)| > F(z_1) - 1.$$

Cela étant, si les z_j et les f_j sont déterminés pour tout $j < n$, alors, vu la définition de F, il existe un voisinage V_n de x_o inclus dans V et tel que

$$\sup_{p<n} \|f_p\|_V \leq 2^{-2n-1} F(y), \forall y \in V_n\cap Y.$$

On peut alors prendre pour z_n un quelconque élément de $V_n \cap Y$ et la définition de F procure aussitôt un élément $f_n \in B$ satisfaisant à (2).

Cela étant, la série $f = \sum_{n=1}^{\infty} 2^{-2n} f_n$ converge en tout point $y \in Y$ et est égale sur Y à la restriction à Y d'une fonction continue sur υX. En particulier, f doit être borné sur V. Cependant z_n appartient à V pour tout n et nous avons

$$\left|\sum_{p=1}^{\infty} 2^{-2p} f_p(z_n)\right| \geq 2^{2n} - 2^{-2n}, \forall n.$$

D'où une contradiction. □

PROPOSITION II.9.5. <u>Si</u> X <u>est un</u> P-<u>espace</u>[1], <u>on a l'égalité</u> $\upsilon_Y X = \upsilon X$ <u>quel que soit le sous-espace dense</u> Y <u>de</u> υX.

<u>Preuve</u>. Cette fois encore, si $\upsilon_Y X$ diffère de υX, il existe un point $x_o \in X$ et un borné absolument convexe complétant B de $[C(X), \mathcal{C}(Y)]$ qui n'est pas borné en x_o.

(1) L'espace X est un P-<u>espace</u> si toute intersection dénombrable de parties ouvertes de X est ouverte.

Il existe donc une suite $f_n \in B$ telle que, pour tout n, $f_n(x_o)$ soit strictement supérieur à 2^n. Mais alors,

$$V' = \bigcap_{n=1}^{\infty} \{x \in X : \mathcal{R}f_n(x) > 2^n\}$$

est un voisinage ouvert de x_o dans X et en procédant comme dans la démonstration précédente, on montre que l'ouvert V de υX tel que $V' = V \cap X$ est inclus dans $\overline{V'}^{\upsilon X}$. Il s'ensuit qu'on a $\mathcal{R}f_n(x) > 2^n$ pour tout $x \in V$. De là, pour tout élément y de Y appartenant à V, la série $\sum_{n=1}^{\infty} 2^{-n} f_n(y)$ ne converge pas.

D'où une contradiction. □

II.10. <u>Espace</u> $\mu_Y X$ [46]

Dans la recherche de l'espace tonnelé associé à un espace $[C(X),\mathcal{P}]$, nous serons amenés à introduire de nouvelles familles de parties de υX et de nouveaux espaces, que nous allons étudier ici.

Etant donné une famille $\mathcal{P}$, remarquons immédiatement qu'elle satisfait aux inclusions

$$\mathcal{A}(Y_{\mathcal{P}}) \subset \mathcal{P} \subset \mathcal{B}(\upsilon X, Y_{\mathcal{P}}).$$

CONSTRUCTIONS II.10.1. 1) Voici un artifice qui permet de remplacer la considération de l'espace $[C(X),\mathcal{P}]$ par celle d'un espace isomorphe $[C(X),\overline{\mathcal{P}}]$, où $\overline{\mathcal{P}}$ est une famille de parties de υX du type $\mathcal{P}$, telle que

$$\mathcal{A}(Y_{\overline{\mathcal{P}}}) \subset \overline{\mathcal{P}} \subset \mathcal{K}(Y_{\overline{\mathcal{P}}}).$$

Il suffit de prendre

$$\overline{\mathcal{P}} = \{B \subset \upsilon X : \exists\ B' \in \mathcal{P} \text{ tel que } B \subset \overline{B'}^{\upsilon X}\}$$

De fait, on voit aisément que

a) la famille $\overline{\mathcal{P}}$ satisfait aux conditions requises pour être une famille de type $\mathcal{P}$ et qu'on a notamment $Y_{\mathcal{P}} \subset Y_{\overline{\mathcal{P}}}$.

b) tout $B \in \overline{\mathcal{P}}$ est compact dans υX, donc dans $Y_{\overline{\mathcal{P}}}$.

c) l'égalité entre espaces linéaires à semi-normes

$$[C(X),\mathcal{P}] = [C(X),\overline{\mathcal{P}}]$$

a lieu.

Ceci nous amène à formuler les remarques suivantes :

a) on a $Y_{\mathcal{P}} = Y_{\bar{\mathcal{P}}}$ si et seulement si $\mathcal{P}$ est inclus dans $\mathcal{K}(Y_{\mathcal{P}})$.

b) on a $\bar{\mathcal{P}} = \mathcal{P}$ si $\mathcal{P}$ est égal à $\mathcal{A}(Y)$ ou à $\mathcal{K}(Y)$.

c) on a $Y_{\bar{\mathcal{P}}} = X''$ si $\mathcal{P}$ est égal à $\mathcal{B}(X)$.

2) A présent, quitte à remplacer X par $X \cup Y_{\bar{\mathcal{P}}}$ dans la considérationde l'espace $[C(X),\mathcal{P}]$, nous pouvons supposer qu'on a

$$Y_{\mathcal{P}} \subset X \quad \text{et} \quad \mathcal{P} \subset \mathcal{K}(Y_{\mathcal{P}}).$$

En effet, $X \cup Y_{\bar{\mathcal{P}}}$ est encore un sous-espace de υX et contient X. De là, vu nos conventions, nous avons $\mathcal{C}(X \cup Y_{\bar{\mathcal{P}}}) = \mathcal{C}(X)$ et $\bar{\mathcal{P}}$ est inclus dans $\mathcal{K}(Y_{\bar{\mathcal{P}}})$ comme nous venons de le voir.

DEFINITIONS II.10.2. Si Y est un sous-espace dense de υX, nous définissons pour tout nombre ordinal α l'espace X_Y^{α} au moyen de la récurrence transfinie suivante :

- $X_Y^{o} = Y$,
- $X_Y^{\alpha+1} = \cup \{\bar{B}^{\upsilon X} : B \in \mathcal{B}(\upsilon X, X_Y^{\alpha})\}$, pour tout nombre ordinal α,
- $X_Y^{\alpha} = \cup \{X_Y^{\beta} : \beta < \alpha\}$, pour tout nombre ordinal limite α .

Comme l'inclusion $X_Y^{\alpha} \subset \upsilon X$ a lieu pour tout nombre ordinal α, on obtient aisément que, pour des raisons de cardinalité, il existe un premier nombre ordinal α' tel que $X_Y^{\alpha'+1} = X_Y^{\alpha'}$; nous désignons alors par $\mu_Y X$ le sous-espace $X_Y^{\alpha'}$ de υX.

REMARQUES II.10.3.

a) Si Y est un sous-espace dense de υX, inclus dans μX, l'espace $\mu_Y X$ est également un sous-espace de μX car toute partie bornante de υX et incluse dans μX est relativement compacte dans μX. En particulier, si Y est égal à X, on voit que X_X^1 est égal à l'espace X'' et que dès lors, on a l'égalité $\mu X = \mu_X X$.

b) Si Y est un sous-espace dense de υX et s'il existe un nombre ordinal α tel que $X \subset X_Y^{\alpha} \subset \mu X$, on a $\mu_Y X = \mu X$. Pour le voir, il suffit de remarquer que, par la remarque précédente, on doit avoir $\mu_Y X \subset \mu X$ et que $\mu_Y X$ doit contenir tous les espaces X_{α} qui servent à définir μX.

c) On a donc toujours $\mu_X X = \mu X$. Cependant il existe des cas où $\mu_Y X$ diffère de μX. Soit, par exemple, X un P-espace non discret et soit x_o un point non isolé de X. Alors la famille $\mathcal{P} = \mathcal{A}(X \setminus \{x_o\})$ est du type $\mathcal{P}$ et, comme dans un P-espace, toute partie bornante est finie, on voit que $X_Y'' = Y_{\mathcal{P}} = X \setminus \{x_o\}$ et que $\mathcal{B}(\upsilon X, X \setminus \{x_o\}) = \mathcal{A}(X \setminus \{x_o\})$, c'est-à-dire qu'on a $\mu_Y X = X \setminus \{x_o\}$.

II.11. Famille Z-saturée associée à $\mathcal{P}$

Dans la recherche de l'espace bornologique associé à $[C(X),\mathcal{P}]$, nous serons amenés à utiliser les espaces associés à X et à $[C(X),\mathcal{P}]$ que nous allons introduire.

Rappelons qu'une suite A_n de parties de X est finie sur une partie A de X si $\{n : A_n \cap A \neq \emptyset\}$ est fini et qu'elle est $\mathcal{A}$-finie, $\mathcal{A}$ étant une famille de parties de X, si elle est finie sur tout $A \in \mathcal{A}$.

LEMME II.11.1. Considérons un espace linéaire à semi-normes $[C(X),\mathcal{P}]$ et soit Z un sous-espace de υX contenant $Y_{\mathcal{P}}$.

Alors, pour une partie A de Z, les assertions suivantes sont équivalentes :

a) tout borné de $[C(X),\mathcal{P}]$ est uniformément borné sur A,

b) toute suite G_n de parties ouvertes de Z qui est $\mathcal{P}$-finie, est finie sur A.

Preuve. (a) $\Rightarrow$ (b). Supposons que G_n soit une suite de parties ouvertes de Z qui est $\mathcal{P}$-finie et non finie sur A. Quitte à éliminer les G_n qui ne rencontrent pas A, nous pouvons considérer une suite x_n telle que $x_n \in G_n \cap A$ pour tout n. Il existe alors une suite $f_n \in \mathcal{C}(X)$ telle que

$$0 \leq f_n \leq n,\ f_n(x_n) = n \text{ et } Z \cap \operatorname{supp} f_n \subset G_n,\ \forall n.$$

De là, la suite f_n est bornée dans $[C(X),\mathcal{P}]$ et n'est pas uniformément bornée sur A. D'où la conclusion.

(b) $\Rightarrow$ (a). Supposons que B soit un borné de $[C(X),\mathcal{P}]$ qui n'est pas uniformément borné sur A. Il existe alors une suite x_n de points de A et une suite $f_n \in B$ telles que $|f_n(x_n)| > n$ pour tout n. De là, la suite des ouverts

$$G_n = \{x \in Z : |f_n(x)| > n\}$$

est $\mathcal{P}$-finie car B est borné dans $[C(X), \mathcal{P}]$ et n'est pas finie sur A. D'où la conclusion. □

On peut étendre les considérations de ce lemme au cas des recouvrements.

PROPOSITION II.11.2. Soit $\mathcal{R}$ un recouvrement de X et soit Z un sous-espace de υX contenant X. Alors, relativement à une partie A de Z, les assertions suivantes sont équivalentes :

(a) [5] toute partie $H \subset \mathcal{C}(X)$ uniformément bornée sur tout $B \in \mathcal{R}$ est uniformément bornée sur A.

(b) [5] toute suite G_n d'ouverts de Z qui est $\mathcal{P}$-finie est finie sur A.

(c) [37] toute fonction réelle positive et semi-continue inférieurement sur Z, et bornée sur tout élément de $\mathcal{R}$ est bornée sur A.

Preuve. (a) ⟹ (b) s'établit comme au lemme précédent.
(b) ⟹ (c). De fait, si f est une fonction réelle positive et semi-continue inférieurement sur Z et bornée sur tout $B \in \mathcal{R}$, les ensembles

$$G_n = \{x \in Z : f(x) > n\},\ n \in \mathbb{N},$$

constituent une suite d'ouverts de Z qui est évidemment $\mathcal{R}$-finie, donc finie sur A : ceci signifie que f est borné sur A.

(c) ⟹ (a). De fait, si $H \subset \mathcal{C}(X)$ est uniformément borné sur tout $B \in \mathcal{R}$, la fonction

$$f(x) = \sup_{g \in H} |g(x)|,\ \forall x \in Z,$$

est définie, vu le corollaire II.2.4. De là, f est une fonction réelle positive et semi-continue inférieurement sur Z et est borné sur tout $B \in \mathcal{R}$. Cette fonction est donc bornée sur A. D'où la conclusion. □

DEFINITION II.11.3. Soit un espace linéaire à semi-normes $[C(X),\mathcal{P}]$ et soit Z un sous-espace de υX contenant $Y_{\mathcal{P}}$. La famille Z-saturée associée à $\mathcal{P}$ est alors la famille des parties de Z qui satisfont à l'une quelconque des propriétés (a) ou (b) du lemme II.11.1; elle est notée $\tilde{\mathcal{P}}^Z$ et, par abus d'écriture, $\tilde{\mathcal{P}}$ si Z = X, et $\tilde{\mathcal{P}}^{\upsilon}$ si Z = υX. Si $\tilde{\mathcal{P}}$ est égal à $\mathcal{P}$, on dit que $\mathcal{P}$ est saturé.

THEOREME II.11.4. [6], [37], [46]. Soit un espace $[C(X),\mathcal{P}]$ et soit Z un sous-espace de υX contenant $Y_{\mathcal{P}}$. Alors, l'espace $[C(X),\tilde{\mathcal{P}}^Z]$ a un système de semi-normes plus fort que $P_{\mathcal{P}}$ et $\tilde{\mathcal{P}}^Z$ coincide avec la famille Z-saturée qui lui est associée.

De plus, on a

$$\mathcal{A}(Y_{\overline{\mathcal{P}}}) \subset \overline{\mathcal{P}} \subset \tilde{\mathcal{P}}^{Y_{\overline{\mathcal{P}}}} \subset \mathcal{B}(\upsilon X,Y_{\overline{\mathcal{P}}}).$$

Preuve. Bien sûr, on peut considérer l'espace $[C(X),\tilde{\mathcal{P}}^Z]$ et cet espace a visiblement un système de semi-normes plus fort que $P_{\mathcal{P}}$ car on a trivialement $\mathcal{P} \subset \tilde{\mathcal{P}}^Z$. En outre, la famille $\tilde{\mathcal{P}}^Z$ constitue un recouvrement de Z, vu le corollaire II.2.4.

Cela étant, $\tilde{\mathcal{P}}^Z$ coïncide avec la famille Z-saturée qui lui est associée car tout $H \subset \mathcal{C}(X)$ uniformément borné sur tout $B \in \tilde{\mathcal{P}}^Z$ est notamment uniformément borné sur tout $B \in \mathcal{P}$.

Enfin, notons que les inclusions sont soit connues, soit triviales. □

REMARQUE II.11.5. Il convient de noter que, si Z est un sous-espace de υX contenant $Y_{\mathcal{P}}$, $[C(X),\tilde{\mathcal{P}}^Z]$ est $\mathcal{C}(X)$ muni du plus fort système de semi-normes de convergence uniforme sur des parties de Z, qui a les mêmes bornés que $[C(X),\mathcal{P}]$.

Déterminons les familles saturées associées à $\mathcal{A}(X)$, $\mathcal{K}(X)$ et $\mathcal{B}(X)$.

LEMME II.11.6. [7] Pour toute suite x_n de points distincts de X, il existe une sous-suite x_{k_n} de x_n et des voisinages fermés V_n des x_{k_n}, deux à deux disjoints.[1]

[1] Le preuve de ce lemme montre que cet énoncé est valable lorsque X est un espace régulier et séparé.

Preuve. Si la suite x_n converge vers x_1, on pose $x_{k_1} = x_2$, sinon on pose $x_{k_1} = x_1$. De la sorte, la suite x_n ne converge pas vers x_{k_1} et il existe un voisinage fermé V_1 de x_{k_1} ne contenant pas une infinité d'éléments de la suite x_n, soient les x_n, $(n \in \mathbb{N}_1)$, ces éléments, avec $\mathbb{N}_1$ partie non finie de $\mathbb{N}$.

Si $x_{k_1},\dots,x_{k_{j-1}}$ et $V_1,\dots,V_{j-1}$ sont déterminés et si les x_n, $(n \in \mathbb{N}_{j-1})$, sont les éléments de la suite x_n qui n'appartiennent pas à $V_1 \cup \dots \cup V_{j-1}$, $\mathbb{N}_{j-1}$ étant une partie non finie de $\mathbb{N}$, on détermine x_{k_j}, V_j et $\mathbb{N}_j$ de la manière suivante : x_{k_j} est le premier élément de la sous-suite x_n, $(n \in \mathbb{N}_{j-1})$, vers lequel cette sous-suite ne converge pas et V_j est un voisinage fermé de x_{k_j} disjoint de $V_1 \cup \dots \cup V_{j-1}$ et ne contenant pas une infinité d'éléments de la suite x_n, $(n \in \mathbb{N}_{j-1})$, à savoir les x_n, $(n \in \mathbb{N}_j)$, avec $\mathbb{N}_j$ partie non finie de $\mathbb{N}$. □

THEOREME II.11.7. [7]. <u>Pour toute partie dense</u> Y <u>de</u> υX, $\mathcal{A}(Y)$ <u>et</u> $\mathcal{B}(\upsilon X,Y)$ <u>coïncident avec les familles</u> Y <u>saturées relatives respectivement à</u> $\mathcal{A}(Y)$ <u>et</u> $\mathcal{B}(\upsilon X,Y)$.

Preuve. Pour la famille $\mathcal{B}(\upsilon X,Y)$, c'est immédiat.

Pour $\mathcal{A}(Y)^{\sim Y}$, procédons par l'absurde. S'il existe $B \in \mathcal{A}(Y)^{\sim Y}$ non fini, vu le lemme précédent, il existe une suite $x_n \in B$ et une suite de voisinages V_n des x_n dans Y, deux à deux disjoints. De là, il existe une suite $f_n \in \mathcal{C}(X)$ telle que $f_n(x_n) = n$ et $[f_n] \cap Y \subset V_n$ pour tout $n \in \mathbb{N}$. La suite f_n est évidemment uniformément bornée sur tout $A \in \mathcal{A}(Y)$ et non uniformément bornée sur B. D'où une contradiction. □

En ce qui concerne la famille $\tilde{\mathcal{K}}(X)$, nous renvoyons à [5]. Notons qu'en général, on a $\mathcal{K}(X) \subset \tilde{\mathcal{K}}(X) \subset \mathcal{B}(X)$, les inclusions étant strictes.

REMARQUE II.11.8. Le lemme II.11.6 montre que, pour toute suite x_n de points distincts de X, il existe une sous-suite x_{k_n} de x_n et une suite $f_n \in \mathcal{C}(X)$ telles que

$$0 \leq f_n \leq 1,\ f_n(x_{k_n}) = 1 \text{ et } \operatorname{supp} f_n \cap X \subset V_n, \forall n,$$

où les V_n sont des voisinages fermés et deux à deux disjoints des x_{k_n}. Cette remarque permet aisément d'établir que les espaces $[C(X),\mathcal{P}]$ et $[C(X),\mathcal{a}(Y_{\mathcal{P}})]$ ont les mêmes bornés et, par conséquent, ont le même espace bornologique associé si et seulement si $\mathcal{P}$ est égal à $\mathcal{a}(Y_{\mathcal{P}})$.

Remarquons que les séries $\sum_{k=1}^{\infty} c_n f_n$ représentent des fonctions continues sur X chaque fois que la suite $c_n \in \mathbb{C}$ converge vers 0, mais qu'il peut ne pas en être de même pour toute suite de nombres complexes. Signalons le résultat suivant, à ce sujet.

PROPOSITION II.11.9. Si $f \in \mathcal{C}(X)$ n'est pas borné sur $A \subset X$, il existe une suite $x_n \in A$ et une suite $f_n \in \mathcal{C}(X)$ telles que $f_n(x_n)$ égale 1 pour tout n et que les f_n soient à supports deux à deux disjoints et localement finis.

En particulier, pour toute suite $c_n \in \mathbb{C}$, la série $\sum_{n=1}^{\infty} c_n f_n$ représente une fonction continue sur X.

Preuve. Comme f n'est pas borné sur A, il existe une suite $x_n \in A$ telle que

$$|f(x_{n+1})| > |f(x_n)| + 1, \forall n.$$

Dès lors, on voit aisément que les voisinages fermés V_n des x_n

$$V_n = \{x \in X: |f(x) - f(x_n)| \leq 1/2\}, \forall n,$$

sont deux à deux disjoints et localement finis, ce qui permet de conclure. □

Cette proposition donne lieu à une conséquence très importante pour la recherche des espaces associés aux espaces linéaires à semi-normes obtenus à partir de $\mathcal{C}(X)$ et de $\mathcal{C}^b(X)$.

THEOREME II.11.10. L'espace $\mathcal{C}^b(X)$ n'est un sous-espace de codimension dénombrable de $\mathcal{C}(X)$ que s'il coïncide avec $\mathcal{C}(X)$.

Preuve. Il suffit évidemment d'établir que si $\mathcal{C}(X)$ diffère de $\mathcal{C}^b(X)$, alors $\mathcal{C}^b(X)$ n'est pas de codimension dénombrable dans $\mathcal{C}(X)$.

Or s'il existe une fonction $f \in \mathscr{C}(X)\setminus \mathscr{C}^b(X)$, il existe une suite $f_n \in \mathscr{C}(X)$ qui satisfait aux conditions de la proposition précédente. De là, si $\mathscr{C}^b(X)$ était de codimension dénombrable dans $\mathscr{C}(X)$, on obtiendrait que l'espace l^∞ est un sous-espace linéaire de codimension dénombrable de l. Or ceci est faux car, l étant tonnelé, l^∞ muni du système de semi-normes induit par l serait tonnelé or $\{\vec{c} : |c_n| \leq 1, \forall n\}$ est un tonneau dans cet espace. D'où la conclusion. □

II.12. <u>Exemples</u>

EXEMPLE II.12.1. [7]. <u>Il existe un espace complètement régulier et séparé qui est dénombrable, donc replet, qui n'est pas métrisable, qui possède une partie dénombrable discrète et non $\mathscr{C}$-plongée , donc qui n'est pas un P-espace, mais dans lequel toute partie bornante est finie</u>. Soit x_o un point fixé de $\beta\,\mathbb{N}\setminus\mathbb{N}$ et considérons le sous-espace $X = \mathbb{N} \cup \{x_o\}$ de $\beta\,\mathbb{N}$. Bien sûr, X est un espace complètement régulier et séparé qui est dénombrable. Comme x_o n'admet pas de base fondamentale dénombrable de voisinages dans X, X n'est pas métrisable. De plus, $\mathbb{N}$ est une partie dénombrable et discrète de X qui n'est pas $\mathscr{C}$-plongée dans X, sinon $\mathbb{N}$ serait fermé dans X. Comme X est dénombrable, il est de Lindelöf, donc replet. De là, toute partie bornante de X est relativement compacte. Pour conclure, notons que toute partie compacte K de X est finie. De fait, X est dénombrable et on sait que tout compact de $\beta\,\mathbb{N}$ est soit fini, soit de cardinalité 2^c.

EXEMPLE II.12.2. [23]. <u>Il existe un espace complètement régulier et séparé infini qui est pseudo-compact et où tout compact est fini</u>. A toute suite $x_n \in \mathbb{N}$, associons un point d'accumulation dans $\beta\,\mathbb{N}\setminus\mathbb{N}$. Soit X le sous-espace de $\beta\,\mathbb{N}$ constitué par $\mathbb{N}$ et ces points d'accumulation. Bien sûr, X est un espace complètement régulier et séparé. De plus, X est pseudo-compact. De fait, si $f \in \mathscr{C}(X)$ n'est pas borné sur X, il existe une suite $x_n \in X$ telle que, pour tout $n \in \mathbb{N}$, $|f(x_n)| > n$. Vu la construction de X, pour tout $n \in \mathbb{N}$, il existe alors $k_n \in \mathbb{N}$ tel que $|f(k_n)| > n$. Mais alors, si x_o est le point de X déterminé par la suite k_n de $\mathbb{N}$, on arrive à la contradiction

$|f(x_o)| = +\infty$. Cependant les seuls compacts de X sont les parties finies de X car on sait que les compacts de $\beta\mathbb{N}$ sont soit finis, soit de cardinalité 2^c, or la cardinalité de X est égale à c.

EXEMPLE II.12.3. On sait que les parties localement compactes de l'espace euclidien $\mathbb{R}^n$ sont précisément les ensembles de la forme $G\cap F$ où G est un ouvert et F un fermé de $\mathbb{R}^n$. On voit alors aisément que $G\cap F$ admet une base fondamentale dénombrable de compacts. En fait, cette propriété caractérise les parties localement compactes de $\mathbb{R}^n$. <u>Le sous-espace</u> A <u>de</u> $\mathbb{R}^n$ <u>admet une base fondamentale dénombrable de compacts si et seulement si</u> A <u>est localement compact</u>. La suffisance de la condition a été rappelée ci-dessus. Prouvons que la condition est nécessaire. Si A n'est pas localement compact, $\overline{A}\setminus A$ n'est pas fermé et il existe donc une suite $x_n \in \overline{A}\setminus A$ qui converge vers un point x_o de A. Si, à présent, A admet une base fondamentale dénombrable de compacts $\{K_n : n \in \mathbb{N}\}$, pour tout n, il existe $y_n \in A\setminus K_n$ tel que $|x_n - y_n| \leq 1/n$. Dès lors, $\{x_n : n \geq 0\}$ est un compact de A et cependant il n'est contenu dans aucun des K_n. D'où une contradiction.

CHAPITRE III

ESPACES ASSOCIES AUX

ESPACES DE FONCTIONS CONTINUES

On caractérise les espaces ultrabornologique, bornologique, tonnelé, d-tonnelé, σ-tonnelé, évaluable, d-évaluable et σ-évaluable associés à l'un quelconque des espaces linéaires à semi-normes $[C(X),\mathcal{P}]$ ou $[C^b(X),\mathcal{Q}]$ introduits au paragraphe II.7.

III.1. Appui d'un ensemble de $\mathscr{C}(X)$ absolument convexe, absorbant et contenant Δ

NOTATIONS III.1.1. Pour tout $f \in \mathscr{C}(X)$, posons

$$\Delta(f) = \{g \in \mathscr{C}(X) : |g| \leq |f|\} .$$

Pour $f = 1$, nous allons plutôt utiliser la notation Δ à la place de $\Delta(1)$.

De plus, pour tout $r > 0$, définissons la fonction θ_r sur $\mathbb{C}$ au moyen des relations suivantes :

$$\theta_r(z) = \begin{Bmatrix} z & \text{si } |z| \leq r \\ r\dfrac{z}{|z|} & \text{si } |z| > r \end{Bmatrix} .$$

Ces fonctions θ_r, $(r > 0)$, appartiennent évidemment à $\mathscr{C}^b(\mathbb{C})$; θ_r est appelé fonction <u>tronquante à</u> r. Si f appartient à $\mathscr{C}(X)$, insistons sur le fait que $\theta_r \circ f$ appartient à $\mathscr{C}^b(X)$, est tel que $\|\theta_r \circ f\|_X \leq r$ et que $(\theta_r \circ f)(x)$ est égal à $f(x)$ en tout $x \in X$ tel que $|f(x)| \leq r$.

Dans le théorème qui suit, si f appartient à $\mathscr{C}(X)$, nous désignons par $\tilde{f}$ son prolongement continu unique de βX dans le compactifié d'Alexandrov de $\mathbb{C}$; son existence résulte de la partie b) du théorème II.3.3. Il convient de remarquer que, si f et g appartiennent à $\mathscr{C}(X)$, on n'a pas en général des formules telles que $\tilde{f} + \tilde{g} = (f+g)^\sim$ et $\tilde{f}\tilde{g} = (fg)^\sim$. Cependant on vérifie aisément que ces formules sont exactes en un point x de βX si la condition suivante est vérifiée : il existe un voisinage de X sur lequel $\tilde{g}$ est borné.

THEOREME III.1.2. [35]

a) <u>Pour toute partie</u> D <u>de</u> $\mathscr{C}(X)$ <u>absolument convexe, absorbante et contenant</u> Δ, <u>il existe un plus petit compact</u> $K(D)$ <u>de</u> βX <u>tel que</u> $f \in \mathscr{C}(X)$ <u>appartienne à</u> D <u>si</u> $\tilde{f}$ <u>est identiquement nul sur</u> $K(D)$.

b) <u>De plus, on a alors</u> $f \in D$ <u>pour tout</u> $f \in \mathscr{C}(X)$ <u>tel que</u> $\|\tilde{f}\|_{K(D)} < 1$.(1)

<u>Preuve</u>. Appelons <u>porteur de</u> D toute partie compacte K de βX telle que $f \in D$ pour tout $f \in \mathscr{C}(X)$ tel que $\tilde{f}$ soit identiquement nul sur K.

Pour conclure, il suffit de remarquer que βX est un porteur de D et de prouver que l'intersection de la famille des porteurs de D est encore un porteur de D.

Démontrons tout d'abord qu'un compact K de βX est un porteur de D si et seulement si tout $f \in \mathscr{C}(X)$ tel que $\tilde{f}$ s'annule identiquement sur un voisinage de K, appartient à D. La condition est évidemment nécessaire. Elle est suffisante : de fait, soit $f \in \mathscr{C}(X)$ tel que $\tilde{f}$ soit identiquement nul sur K et supposons que tout $g \in \mathscr{C}(X)$ tel que $\tilde{g}$ soit identiquement nul sur un voisinage de K, appartienne à D. Alors $g = \theta_{1/2} \circ f$ est tel que $2g \in D$ car $2g \in \Delta$, et $(f-g)^{\sim}$ est identiquement nul sur un voisinage de K, donc est tel que $2(f-g) \in D$. Au total, on a

$$f = \frac{1}{2}\left[2(f-g) + 2g\right] \in D.$$

De cette caractérisation des porteurs de D, on tire que l'intersection K des porteurs de D est un porteur de D si toute intersection finie de porteurs de D est un porteur de D car si V est un voisinage ouvert de K, il existe des porteurs $K_1,\ldots,K_n$ de D dont l'intersection est incluse dans V.

Or, si K_1 et K_2 sont des porteurs de D, si V est un voisinage ouvert de $K = K_1 \cap K_2$ et si $f \in \mathscr{C}(X)$ est tel que $\tilde{f}(V) = 0$, il existe $g \in \mathscr{C}^b(X)$ à valeurs dans $[0,1]$, tel que $\tilde{g}(K_1) = 1$ et $\tilde{g}(K_2 \setminus V) = 0$ et on peut même exiger que $\tilde{g}$ égale 1 sur un voisinage V_1 de K_1, et égale 0 sur un voisinage V_2 de

(1) Cette notation signifie évidemment qu'il existe $r \in [0,1[$ tel que $\tilde{f}(x)$ appartienne à $\{z \in \mathbb{C} : |z| \leq r\}$ pour tout $x \in K(D)$.

$K_2 \setminus V$. De là, $(2fg)^\sim$ est nul sur $V \cup V_2$, c'est-à-dire sur un voisinage de K_2, et dès lors $2fg$ appartient à D. De même, $[2f(1-g)]^\sim$ est nul sur V_1, donc $2f(1-g)$ appartient à D. Au total

$$f = \frac{1}{2}\left[2fg + 2f(1-g)\right]$$

appartient à D.

D'où la conclusion.

b) Il suffit de noter que, si $f \in \mathscr{C}(X)$ est tel que $\|\tilde{f}\|_{K(D)} = 1-\varepsilon < 1$, on a

$$f = \theta_{1-\frac{\varepsilon}{2}} \circ f + f - \theta_{1-\frac{\varepsilon}{2}} \circ f \in (1-\tfrac{\varepsilon}{2})D + \tfrac{\varepsilon}{2}D = D. \square$$

DEFINITION III.1.3. Si D est une partie de $\mathscr{C}(X)$ absolument convexe, absorbante et contenant Δ, l'ensemble $K(D)$ déterminé par le théorème III.1.2 est appelé <u>appui de</u> D.

REMARQUE III.1.4. Dans la caractérisation des espaces R associés à $[C(X),\mathscr{P}]$, le théorème III.1.2 montre la voie : il s'agit de caractériser davantage $K(D)$ lorsque D est en outre un tonneau, un ensemble bornivore,... . La proposition suivante donne déjà un renseignement très intéressant à ce sujet.

PROPOSITION III.1.5. <u>Soit</u> Y <u>une partie dense de</u> υX. <u>Si</u> $D \subset \mathscr{C}(X)$ <u>est absolument convexe, contient</u> Δ <u>et absorbe tout borné de</u> $[C(X),\mathscr{A}(Y)]$ <u>qui est équicontinu sur</u> Y, <u>alors, pour toute suite croissante d'ouverts</u> G_n <u>de</u> βX <u>qui recouvrent</u> Y, <u>il existe un entier</u> n <u>tel que</u> $K(D) \subset \overline{G_n}^{\beta X}$.

<u>Preuve</u>. Il suffit d'établir qu'un des $\overline{G_n}^{\beta X}$ est un porteur de D.

Si ce n'est pas le cas, il existe une suite $f_n \in \mathscr{C}(X)\setminus D$ telle que $\tilde{f}_n(\overline{G_n}^{\beta X}) = 0$ pour tout $n \in \mathbb{N}$. Mais alors la suite nf_n est équicontinue sur Y et bornée dans $[C(X),\mathscr{A}(Y)]$, comme on le vérifie aisément, donc est absorbée par D. D'où une contradiction. $\square$

III.2. Espaces ultrabornologiques associés

a) Cas des espaces $[C^b(X),\mathcal{Q}]$ [43]

La recherche de l'espace ultrabornologique associé à l'espace $[C^b(X),\mathcal{Q}]$ est résolue par le théorème suivant.

THEOREME III.2.1. L'espace $C^b(X)$ est l'espace ultrabornologique associé à l'espace $[C^b(X),P]$ pour tout système P de semi-normes sur $\mathscr{C}^b(X)$ plus faible que la norme de $C^b(X)$.

En particulier, pour tout espace linéaire à semi-normes $[C^b(X),\mathcal{Q}]$ on a

$$C^b(X) = [C^b(X),\mathcal{Q}]_{ub}.$$

Preuve. C'est une conséquence immédiate de la proposition I.3.3. car $C^b(X)$ est un espace Banach. □

COROLLAIRE III.2.2. Tout borné absolument convexe complétant de l'espace $[C^b(X),\mathcal{Q}]$ est un borné de $C^b(X)$.

Preuve. Cela résulte du théorème I.6.1. □

b) Cas des espaces $[C(X),\mathscr{P}]$

Le théorème général caractérisant l'espace ultrabornologique associé à l'espace $[C(X),\mathscr{P}]$ est le suivant.

THEOREME III.2.3. Soit Y un sous-espace dense de υX tel que $\upsilon X = \upsilon_Y X$, alors $C_c(\upsilon X) = [C(X),\mathscr{K}(\upsilon X)]$ est l'espace ultrabornologique associé à $[C(X),P]$ pour tout système de semi-normes P sur $\mathscr{C}(X)$ tel que $P_{\mathcal{a}(Y)} \leq P \leq P_{\mathscr{K}(\upsilon X)}$.

Preuve. Il suffit en fait d'établir que, sous les conditions de l'énoncé, $C_c(\upsilon X)$ est l'espace ultrabornologique associé à $[C(X),\mathcal{a}(Y)]$.

Etablissons tout d'abord que ces deux espaces ont les mêmes bornés absolument convexes complétants; ils auront alors le même espace ultrabornologique associé, vu le corollaire I.3.2. Bien sûr, il suffit d'établir que tout borné absolument convexe complétant B de $[C(X),\mathcal{a}(Y)]$ est borné dans $C_c(\upsilon X)$. Or si K est un compact de υX, l'ensemble B' des restrictions à K des éléments de B est visiblement un borné absolument convexe complétant de $C_s^b(K)$, donc de $C^b(K)$ vu le corollaire III.2.2.

Pour conclure, il suffit donc de prouver que l'espace $C_c(\upsilon X)$ est ultrabornologique, ce qui résulte du résultat suivant qui a un intérêt propre. □

THEOREME III.2.4. L'espace $C_c(X)$ est ultrabornologique [14] (resp. bornologique [35], [51]; semi-bornologique[1] [5]) si et seulement si X est replet.

De plus, $C_c(X)$ est alors la limite inductive des espaces de Banach $\mathscr{C}(X)_{\Delta(f)}$, $[f \in \mathscr{C}(X)]$, ou des espaces de Banach $\mathscr{C}(X)_H$ où H parcourt la famille $\mathscr{H}$ des parties absolument convexes, équicontinues, fermées et bornées de $C_s(X)$.

Preuve. Si $C_c(X)$ est ultrabornologique, il est bornologique; et s'il est bornologique, il est semi-bornologique.

S'il est semi-bornologique, vu le corollaire II.2.4, tout caractère τ de $\mathscr{C}(X)$ est continu sur $C_c(X)$: il existe donc un compact K de X et $C > 0$ tels que $|\tau(.)| \leq C.\|.\|_K$. Mais alors τ appartient à K sinon il existerait $f \in \mathscr{C}(X)$ tel que $f(K) = 0$ et $f(\tau) = \tau(f) = 1$. Au total, τ appartient à X et X est replet.

A présent, prouvons que, pour tout $f \in \mathscr{C}(X)$ et tout $H \in \mathscr{H}$, $\Delta(f)$ et H sont des bornés absolument convexes complétants de $C_c(\upsilon X)$. Bien sûr, ces ensembles sont absolument convexes. De plus, ils sont bornés dans $C_c(\upsilon X)$: pour $\Delta(f)$, c'est trivial et, pour H, on remarque que la fonction f_H définie sur X par

$$f_H(x) = \sup_{f \in H} |f(x)|, \forall x \in X,$$

est continue sur X et est telle que $H \subset \Delta(f_H)$. Enfin, ils sont complétants : pour H, compact dans $C_s(X)$, c'est trivial et, pour $\Delta(f)$, on note que toute série $\sum_{n=1}^{\infty} 2^{-n} f_n$, telle que $f_n \in \Delta(f)$ pour tout n, converge uniformément localement donc appartient à $\mathscr{C}(X)$ et même à $\Delta(f)$.

Pour conclure, il suffit alors de prouver que, si X est replet, les limites inductives E et E' des espaces de Banach $C_c(X)_{\Delta(f)}$, $f \in \mathscr{C}(X)$, et des espaces de Banach $C_c(X)_H$, $H \in \mathscr{H}$, respectivement coïncident avec $C_c(X)$.

---

(1) Un espace linéaire à semi-normes est semi-bornologique si toute fonctionnelle linéaire bornée sur les bornés est continu

On voit de suite que E et E' ont des systèmes de semi-normes plus forts que celui de $C_c(X)$.

De plus, tout ensemble absolument convexe D de $\mathscr{C}(X)$ qui absorbe tout élément H de $\mathscr{H}$ absorbe également Δ. En effet, si ce n'est pas le cas, il existe une suite $f_n \in \Delta$ telle que $f_n \notin n^2 D$ quel que soit n. Mais alors, la suite f_n/n est équicontinue sur X et son enveloppe absolument convexe fermée dans $C_s(X)$ appartient visiblement à $\mathscr{H}$ et ne peut être absorbée par D. D'où une contradiction.

La conclusion du théorème III.2.4, donc du théorème III.2.3 résulte alors de la proposition suivante. □

PROPOSITION III.2.5. <u>Si</u> $D \subset \mathscr{C}(X)$ <u>est absolument convexe et absorbant, et s'il contient</u> Δ, <u>les assertions suivantes sont équivalentes</u> :

(a) <u>l'appui</u> K(D) <u>de</u> D <u>est inclus dans</u> υX.

(b) D <u>est un voisinage de</u> 0 <u>dans</u> $C_c(\upsilon X)$.

(c) D <u>est bornivore dans</u> $C_c(\upsilon X)$.

(d) D <u>absorbe</u> $\Delta(f)$ <u>quel que soit</u> $f \in \mathscr{C}(X)$.

(e) D <u>absorbe tout</u> $H \in \mathscr{H}$.

<u>Preuve</u>. (a) ⟹ (b) résulte immédiatement de la partie b) du théorème III.1.2 car on a alors

$$D \supset \{f \in \mathscr{C}(X) : \|f\|_{K(D)} < 1\} \quad .$$

(b) ⟹ (c) et (c) ⟹ (d) sont triviaux.
(d) ⟹ (e) résulte de ce que H est inclus dans $\Delta(f_H)$, où f_H est défini comme dans la preuve du théorème III.2.4.
(e) ⟹ (a). Soit alors $\tau \in \beta X \setminus \upsilon X$. Vu le théorème II.2.5, il existe $f \in \mathscr{C}^b(X)$ strictement positif tel que $\tau(f) = 0$. Soit $g = 1/f$: g appartient à $\mathscr{C}(X)$ et est strictement positif sur X et tel que $\tilde{g}(\tau) = +\infty$. Alors les ensembles $G_n = \{x \in \beta X : \tilde{g}(x) < n\}$ sont ouverts dans βX, croissants et constituent un recouvrement de X. Vu la proposition III.1.5, comme D absorbe Δ, il existe $n \in \mathbb{N}$ tel que $K(D) \subset \overline{G_n}^{\beta X}$. On a donc $\tau \notin K(D)$, d'où la conclusion. □

Le théorème III.2.3 montre en particulier que, si Y est un sous-espace dense de υX tel que $\upsilon_Y X = \upsilon X$, alors tout opérateur continu d'un espace ultrabornologique E dans $[C(X),\mathcal{C}(Y)]$ est encore continu de E dans $C_c(\upsilon X)$. La proposition suivante améliore quelque peu ce résultat.

PROPOSITION III.2.6. [7]. <u>Si</u> E <u>est un espace bornologique et tonnelé, tout opérateur</u> T <u>linéaire continu de</u> E <u>dans</u> $C_s(X)$ <u>est encore continu de</u> E <u>dans</u> $C_c(\upsilon X)$.

<u>Preuve</u>. Si x appartient à υX, la loi $\mathcal{Q}_x$ définie sur E par $\mathcal{Q}_x(f) = \tau_x(Tf)$ pour tout $f \in E$ est visiblement une fonctionnelle linéaire sur E. De plus, elle est continue sur E : de fait, si B est un borné de E, TB est borné dans $C_s(X)$, donc dans $C_s(\upsilon X)$ vu le corollaire II.2.4.

Cela étant, on vérifie aisément que l'opérateur u défini de υX dans E_s^* par $ux = \mathcal{Q}_x$ pour tout $x \in \upsilon X$ est continu.

De là, l'image par u de tout compact K de υX est compacte dans E_s^*, donc est équicontinue. D'où la conclusion. □

On peut donner une variante de cette preuve, basée sur l'exemple suivant d'espace replet.

PROPOSITION III.2.7. [7]. <u>Pour tout espace semi-bornologique</u> E, E_s^* <u>est un espace replet</u>.

<u>Preuve</u>. Vu la partie c) du théorème II.4.3, il suffit de prouver que, pour tout X, tout opérateur continu T de X dans E_s^* admet un prolongement continu de υX dans E_s^*.

Soit T^* l'opérateur défini de E dans $C_s(X)$ par $(T^*f)(x) = (Tx)(f)$ pour tout $f \in E$ et tout $x \in X$. Alors, T^* est visiblement un opérateur linéaire de E dans $C_s(\upsilon X)$ et est même continu car l'image par T^* de tout borné de E est bornée dans $C_s(X)$, donc dans $C_s(\upsilon X)$, vu le corollaire II.2.4. De là, l'opérateur $\tilde{T}$ défini de υX dans E_s^* par

$$(\tilde{T}\mathfrak{r})(f) = (T^*f)(\mathfrak{r}), \forall \mathfrak{r} \in \upsilon X, \forall f \in E,$$

est continu et prolonge T. □

Cela étant acquis, voici la variante annoncée.

L'opérateur T^* défini de X dans E_s^* par $(T^*x)(f) = (Tf)(x)$ pour tout $x \in X$ et tout $f \in E$ est continu, donc admet un prolongement continu unique $T^{*\sim}$ de υX dans E_s^* vu la partie b) du théorème II.4.3 et la proposition précédente.

A présent, notons que, comme E est bornologique, T est continu de E dans $C_c(\upsilon X)$ si l'image de tout borné de E est bornée dans $C_c(\upsilon X)$: or l'ensemble

$$\{(Tf)(x) : x \in K,\ f \in B\} = \{(T^{*\sim}x)(f) : x \in K,\ f \in B\}$$

est visiblement borné pour tout compact K de υX et tout borné B de E car $T^{*\sim}K$, étant compact dans E^*_s, est équicontinu vu que E est tonnelé. □

EXEMPLE III.2.8. Si x_0 est un point non isolé d'un P-espace replet X, alors $L = \{f \in \mathscr{C}(X) : f(x_0) = 0\}$ est un sous-espace linéaire dense de codimension 1 et ultrabornologique de $[C(X), \mathcal{A}(X \setminus \{x_0\})]$, alors que ce dernier espace n'est pas ultrabornologique. L'espace L est bien sûr un sous-espace linéaire de codimension 1 de $\mathscr{C}(X)$. De plus, $[C(X), \mathcal{A}(X \setminus \{x_0\})]$ n'est pas ultrabornologique car son espace ultrabornologique associé est $C_s(X) = C_c(X)$, vu la proposition II.9.5. Pour conclure, au moyen de la proposition I.8.3, il suffit alors de noter que, sur L, les systèmes de semi-normes des espaces $[C(X), \mathcal{A}(X \setminus \{x_0\})]$ et $C_s(X)$ sont équivalents et que L est un sous-espace linéaire fermé et de codimension 1 de $C_s(X)$.

III.3. Espaces tonnelés, d-tonnelés, σ-tonnelés évaluables, d-évaluables et σ-évaluables associés [4], [34], [37], [41], [42], [43], [46]

a) Cas des espaces $[C(X), \mathscr{P}]$

L'obtention de ces espaces repose sur

- l'étude des bornés de $[C(X), \mathscr{P}]^*_s$,
- la détermination des tonneaux, d-tonneaux et σ-tonneaux, bornivores ou non de $[C(X), \mathscr{P}]$,
- la caractérisation des espaces $[C(X), \mathscr{P}]$ tonnelés, d-tonnelés, σ-tonnelés, évaluables, d-évaluables ou σ-évaluables,
- la construction de ces espaces associés.

Passons ces différents points en revue.

Support d'un borné de $[C(X),\mathscr{P}]^*_s$

Déterminons tout d'abord la structure du dual de $[C(X),\mathscr{P}]$.

THEOREME III.3.1. Soit B un borné de υX. Une fonctionnelle τ linéaire sur $\mathscr{C}(X)$ est telle que

$$|\tau(f)| \leqslant C \, \|f\|_B, \forall f \in \mathscr{C}(X),$$

si et seulement si

$$\tau(f) = \int f \, \delta_{\bar{B}^{\upsilon X}} \, d\mu, \forall f \in \mathscr{C}(X),$$

où μ est une mesure de Radon sur le compact $\bar{B}^{\upsilon X}$.

Preuve. De fait, $\bar{B}^{\upsilon X}$ est compact et on a

$$|\tau(f)| \leqslant C \, \|f\|_B, \forall f \in \mathscr{C}(X),$$

si et seulement si la fonctionnelle linéaire $\mathcal{Q}$ définie sur $C^b(\bar{B}^{\upsilon X})$ par

$$\mathcal{Q}(f) = \tau(\tilde{f}), \forall f \in \mathscr{C}^b(\bar{B}^{\upsilon X}),$$

où $\tilde{f}$ désigne un prolongement continu quelconque de f à υX, est continue sur $C^b(\bar{B}^{\upsilon X})$. D'où la conclusion, par le théorème de Riesz. □

CONVENTION III.3.2. Le dual de l'espace $[C(X),\mathscr{P}]$ peut donc être interprété comme étant l'ensemble des mesures de Radon μ sur les compacts $\bar{B}^{\upsilon X}$ où B parcourt la famille $\mathscr{P}$, ce qui nous oblige à noter

$$\int f \, \delta_{\bar{B}^{\upsilon X}} \, d\mu$$

l'application de la fonctionnelle μ à $f \in \mathscr{C}(X)$. Une autre manière de voir les choses, manière que nous allons adopter à cause de la simplification des écritures qu'elle procure, est d'interpréter le dual de $[C(X),\mathscr{P}]$ comme étant l'ensemble des mesures de Radon μ sur υX qui admettent un support, noté $[\mu]$, inclus dans un des ensembles $\bar{B}^{\upsilon X}$, $(B \in \mathscr{P})$, en adoptant la définition suivante : une mesure de Radon μ sur υX admet un support inclus dans $\bar{B}^{\upsilon X}$, $(B \in \mathcal{P})$, s'il existe une mesure $\tilde{\mu}$ de Radon sur $\bar{B}^{\upsilon X}$ telle que

$$\int f\, d\mu = \int f\, \delta_{\bar{B}^{\upsilon X}}\, d\tilde{\mu}, \forall f \in \mathcal{C}(X),$$

le support de μ étant alors défini comme étant égal à celui de $\tilde{\mu}$. Cette interprétation du dual nous permetde noter $\int f d\mu$ l'application de la fonctionnelle $\mu \in [C(X),\mathcal{P}]^*$ à $f \in \mathcal{C}(X)$.

Le théorème suivant donne les propriétés du support des mesures $\mu \in [C(X),\mathcal{P}]^*$.

THEOREME III.3.3. <u>Soit</u> $\mu \in [C(X),\mathcal{P}]^*$.

a) <u>Pour tout</u> $f \in \mathcal{C}(X)$, <u>nul sur</u> $[\mu]$, <u>on a</u> $\int f\, d\mu = 0$.

b) <u>Pour tout ouvert</u> G <u>de</u> υX <u>tel que</u> $G \cap [\mu] \neq \emptyset$, <u>il existe</u> $f \in \mathcal{C}^b(X)$ <u>tel que</u> $[f] \subset G$ <u>et</u> $\int f\, d\mu = 1$.

c) <u>Le support</u> $[\mu]$ <u>de</u> μ <u>est le plus petit compact</u> K <u>de</u> $Y_{\bar{\mathcal{P}}}$ <u>tel que</u> $\int f\, d\mu = 0$ <u>pour tout</u> $f \in \mathcal{C}(X)$ <u>nul sur</u> K.

<u>Preuve</u>. a) est trivial.

b) Désignons par $\tilde{\mu}$ la restriction de μ à son support. On sait qu'il existe alors une fonction $g \in C^b([\mu])$telle que$\int g\, d\tilde{\mu} = 1$ et $[g] \subset G \cap [\mu]$. Alors, tout prolongement f de g à υX, continu, borné et tel que $[f] \subset G$ convient.

c) Vu a), $[\mu]$ est déjà un compact de $Y_{\bar{\mathcal{P}}}$ tel que $\int f\, d\mu$ soit nul pour tout $f \in \mathcal{C}(X)$ nul sur $[\mu]$. Inversement, si K est un tel compact, on a $K \supset [\mu]$ sinon, on aurait $[\mu] \cap (Y_{\bar{\mathcal{P}}} \setminus K)^{\circ} \neq \emptyset$ et, vu b), il existerait $f \in \mathcal{C}^b(X)$ tel que $[f] \cap Y_{\bar{\mathcal{P}}} \subset Y_{\bar{\mathcal{P}}} \setminus K$ et $\int f\, d\mu = 1$. Or un tel f est nul sur K, d'où une contradiction. $\square$

DEFINITION III.3.4. Le $\mathcal{P}$-<u>support</u> d'une partie $\mathcal{B}$ de $[C(X),\mathcal{P}]^*$, noté $[\mathcal{B}]_{\mathcal{P}}$, est l'ensemble

$$[\mathcal{B}]_{\mathcal{P}} = \overline{\bigcup_{\mu \in \mathcal{B}} [\mu]}^{Y_{\bar{\mathcal{P}}}}.$$

Vu le théorème précédent, c'est le plus petit fermé F de $Y_{\bar{\mathcal{P}}}$ tel que $\int f\, d\mu = 0$ pour tout $\mu \in \mathcal{B}$ et tout $f \in \mathcal{C}(X)$ nul sur F.

Le théorème suivant donne des propriétés du $\mathcal{P}$-support de certaines parties de $[C(X),\mathcal{P}]^*$.

THEOREME III.3.5.

a) <u>Si</u> $\mathcal{B} \subset [C(X),\mathcal{P}]^*$ <u>est équicontinu, il existe</u> $B \in \mathcal{P}$ <u>tel que</u> $[\mathcal{B}]_{\mathcal{P}} \subset \bar{B}^{\upsilon X}$.

b) <u>Si</u> $\mathcal{B} \subset [C(X),\mathcal{P}]^*_s$ <u>est borné</u>, $[\mathcal{B}]_{\mathcal{P}}$ <u>est une partie bornante de</u> υX.

c) <u>Si</u> $\mathcal{B} \subset [C(X),\mathcal{P}]^*_s$ <u>est borné et s'il existe</u> $B \in \mathcal{P}$ <u>tel que</u> $[\mathcal{B}]_{\mathcal{P}} \subset \bar{B}^{\upsilon X}$, $\mathcal{B}$ <u>est équicontinu</u>.

<u>Preuve</u>. a) est immédiat car s'il existe $B \in \mathcal{P}$ et $C > 0$ tels que

$$\sup_{\mu \in \mathcal{B}} \left| \int f \, d\mu \right| \leqslant C \, \|f\|_B, \forall f \in \mathcal{C}(X),$$

on a $[\mu] \subset \bar{B}^{\upsilon X}$ pour tout $\mu \in \mathcal{B}$.

b) Prouvons que si $[\mathcal{B}]_{\mathcal{P}}$ n'est pas une partie bornante de υX, alors $\mathcal{B}$ n'est pas borné dans $[C(X),\mathcal{P}]^*_s$.

Soit $f \in \mathcal{C}(X)$ une fonction positive et non bornée sur $[\mathcal{B}]_{\mathcal{P}}$, et, pour tout $n \in \mathbb{N}$, posons

$$G_n = \{x \in \upsilon X : f(x) > n\}.$$

Pour tout $n \in \mathbb{N}$, G_n est ouvert dans υX et on a $G_n \supset G_{n+1}$ et $G_n \cap [\mathcal{B}]_{\mathcal{P}} \neq \emptyset$. De plus, les G_n sont localement finis dans υX et tels que $\bigcap_{n=1}^{\infty} \bar{G}_n^{\upsilon X} = \emptyset$. Enfin, pour toute partie bornante B de υX, il existe $n \in \mathbb{N}$ tel que $B \cap G_n = \emptyset$.

De là, pour tout $n \in \mathbb{N}$, il existe $\mu_n \in \mathcal{B}$ tel que $[\mu_n] \cap G_n \neq \emptyset$, puis $N(n) \in \mathbb{N}$ tel que $[\mu_n] \cap G_{N(n)} = \emptyset$.

Quitte à renuméroter les ouverts G_n, il existe donc une suite d'ouverts G_n de υX localement finie et telle que, pour tout $B \in \mathcal{P}$, il existe $n \in \mathbb{N}$ tel que $B \cap G_n = \emptyset$, et une suite $\mu_n \in \mathcal{B}$ telles que $\bigcap_{n=1}^{\infty} \overline{G_n}^{\upsilon X} = \emptyset$ et $G_n \supset G_{n+1}$, $[\mu_n] \cap G_n \neq \emptyset$ et $[\mu_n] \cap G_{n+1} = \emptyset$, pour tout $n \in \mathbb{N}$.

Dès lors, vu la partie b) du théorème III.3.3, il existe une suite $g_n \in \mathcal{C}^b(X)$ telle que $[g_n] \subset G_n$ et $\int g_n \, d\mu = 1$ pour tout $n \in \mathbb{N}$. De là, pour toute suite $c_n \in \mathbb{C}$, la série $\sum_{n=1}^{\infty} c_n g_n$ converge dans $[C(X),\mathcal{P}]$. De plus, pour tout $N \in \mathbb{N}$, on a

$$\int \sum_{n=1}^{\infty} c_n g_n \, d\mu_N = \sum_{n=1}^{N} c_n \int g_n \, d\mu_N .$$

Il existe donc des nombres complexes c_n tels que, pour tout $N \in \mathbb{N}$, on ait

$$\int \sum_{n=1}^{\infty} c_n g_n \, d\mu_N = N.$$

De là, $\mathcal{B}$ n'est pas borné dans $[C(X),\mathcal{P}]_s^*$.

c) Comme il existe $B \in \mathcal{P}$ tel que $[\mathcal{B}]_{\mathcal{P}}$ soit inclus dans $\bar{B}^{\upsilon X}$, $[\mathcal{B}]_{\mathcal{P}}$ est compact dans υX. Cela étant, à tout $\mathcal{T} \in \mathcal{B}$, on peut associer une fonctionnelle linéaire continue $\mathcal{T}_{\mathcal{B}}$ sur $C^b([\mathcal{B}]_{\mathcal{P}})$ par la relation

$$\mathcal{T}_{\mathcal{B}}(f) = \mathcal{T}(\tilde{f}), \forall f \in \mathcal{C}^b([\mathcal{B}]_{\mathcal{P}}),$$

où $\tilde{f}$ désigne un prolongement continu quelconque de f à υX. Mais alors, l'ensemble $\{\mathcal{T}_{\mathcal{B}} : \mathcal{T} \in \mathcal{B}\}$ est visiblement borné dans le dual simple de l'espace $C^b([\mathcal{B}]_{\mathcal{P}})$, donc est équicontinu car $C^b([\mathcal{B}]_{\mathcal{P}})$ est un espace de Banach.

Il existe donc $C > 0$ tel que

$$\sup_{\mathcal{T} \in \mathcal{B}} |\mathcal{T}_{\mathcal{B}}(f)| \leq C \, \|f\|_{[\mathcal{B}]_{\mathcal{P}}}, \forall f \in \mathcal{C}^b([\mathcal{B}]_{\mathcal{P}}).$$

D'où la conclusion car on en déduit immédiatement une majoration analogue pour $\mathcal{B}$. □

<u>Tonneaux</u>, d-<u>tonneaux et</u> σ-<u>tonneaux de</u> $[C(X),\mathcal{P}]$

a) Formulons quelques remarques sur les tonneaux de $[C(X),\mathcal{P}]$.

DEFINITION III.3.6. Le $\mathcal{P}$-<u>socle d'un tonneau</u> θ <u>de</u> $[C(X),\mathcal{P}]$ est le $\mathcal{P}$-support du polaire de θ dans $[C(X),\mathcal{P}]^*$; il est noté $\Sigma_{\mathcal{P}}(\theta)$.

Nous allons noter $A_{\mathcal{P}}^{\Delta}$ le polaire dans le dual de $[C(X),\mathcal{P}]$ d'une partie A de $[C(X),\mathcal{P}]$. Si θ est un tonneau de $[C(X),\mathcal{P}]$, nous avons donc la formule $\Sigma_{\mathcal{P}}(\theta) = [\theta_{\mathcal{P}}^{\Delta}]_{\mathcal{P}}$.

Si θ est un tonneau de $[C(X),\mathscr{P}]$, vu la définition de $[\theta^{\Delta}_{\mathscr{P}}]_{\mathscr{P}}$, $\Sigma_{\mathscr{P}}(\theta)$ est le plus petit fermé F de $Y_{\bar{\mathscr{P}}}$ tel que tout $f \in \mathscr{C}(X)$ nul sur F soit annulé par tout $\mu \in \theta^{\Delta}_{\mathscr{P}}$, c'est-à-dire tel que tout $f \in \mathscr{C}(X)$ nul sur F appartienne à θ, vu le théorème des bipolaires. De plus, $\Sigma_{\mathscr{P}}(\theta)$ est une partie bornante de υX.

PROPOSITION III.3.7. <u>Tout tonneau de</u> $[C(X),\mathscr{P}]$ <u>absorbe</u> Δ.

<u>Preuve</u>. De fait, si θ est un tonneau de $[C(X),\mathscr{P}]$, on voit aisément que $\theta \cap C^b(X)$ est un tonneau de $C^b(X)$. De là, $\theta \cap C^b(X)$ absorbe la boule unité de $C^b(X)$, à savoir Δ, car cet espace est de Banach. □

b) Formulons également quelques remarques sur les parties bornantes B de υX qui sont incluses dans $Y_{\bar{\mathscr{P}}}$ et sur les ensembles b_B définis par

$$b_B = \{f \in \mathscr{C}(X) : \|f\|_B \leq 1\}.$$

PROPOSITION III.3.8. <u>Pour toute partie bornante</u> B <u>de</u> υX <u>incluse dans</u> $Y_{\bar{\mathscr{P}}}$, b_B <u>est un tonneau de</u> $[C(X),\mathscr{P}]$ <u>contenant</u> Δ.

<u>De plus, si</u> B <u>appartient à la famille</u> $Y_{\bar{\mathscr{P}}}$<u>-saturée associée à</u> $\mathscr{P}$, b_B <u>est un tonneau bornivore de</u> $[C(X),\mathscr{P}]$.

<u>Preuve</u>. Comme, pour tout $x \in Y_{\bar{\mathscr{P}}}$, $\mathcal{C}_x$ est une fonctionnelle linéaire continue sur $[C(X),\mathscr{P}]$, b_B est un fermé absolument convexe de $[C(X),\mathscr{P}]$ car il s'écrit également

$$b_B = \bigcap_{x \in B} \{f \in \mathscr{C}(X) : |\mathcal{C}_x(f)| \leq 1\}.$$

De plus, b_B est absorbant car tout $f \in \mathscr{C}(X)$ est borné sur B, et b_B contient évidemment Δ. D'où la conclusion de la première partie.

Si, en outre, B appartient à la famille $Y_{\bar{\mathscr{P}}}$-saturée associée à $\mathscr{P}$, tout borné de $[C(X),\mathscr{P}]$ est uniformément borné sur B, donc est absorbé par b_B. □

c) Caractérisons à présent les tonneaux et les tonneaux bornivores de $[C(X),\mathscr{P}]$.

THEOREME III.3.9.

a) <u>Pour toute partie bornante</u> B <u>de</u> υX <u>incluse dans</u> $Y_{\bar{\mathscr{P}}}$, $\bar{B}^{Y_{\bar{\mathscr{P}}}}$ <u>est le</u> $\mathscr{P}$-<u>socle du tonneau</u> b_B <u>de</u> $[C(X),\mathscr{P}]$.

b) <u>Tout tonneau</u> θ <u>de</u> $[C(X),\mathscr{P}]$ <u>absorbe</u> $b_{\Sigma_{\mathscr{P}}(\theta)}$.

c) <u>Le</u> $\mathscr{P}$-<u>socle de tout tonneau bornivore de</u> $C_{\mathscr{P}}(X)$ <u>appartient à la famille</u> $Y_{\bar{\mathscr{P}}}$-<u>saturée associée à</u> $\mathscr{P}$.

<u>Preuve</u>. a) D'une part, on a $\bar{B}^{Y_{\bar{\mathscr{P}}}} \supset \Sigma_{\mathscr{P}}(b_B)$ car tout $f \in \mathscr{C}(X)$ nul sur le fermé $\bar{B}^{Y_{\bar{\mathscr{P}}}}$ de $Y_{\bar{\mathscr{P}}}$ appartient évidemment à b_B. D'autre part, si l'inclusion inverse n'a pas lieu, il existe $x \in \bar{B}^{Y_{\bar{\mathscr{P}}}} \setminus \Sigma_{\mathscr{P}}(b_B)$ et, par là, $f \in \mathscr{C}(X)$ tel que $f(x) = 2$ et $f[\Sigma_{\mathscr{P}}(b_B)] = \{0\}$, d'où une contradiction car un tel f ne peut appartenir à b_B.

b) Vu la proposition III.3.7, il suffit d'établir que si le tonneau θ de $[C(X),\mathscr{P}]$ contient Δ, il contient $b_{\Sigma_{\mathscr{P}}(\theta)}$.

Prouvons tout d'abord que θ contient tout élément $f \in \mathscr{C}(X)$ tel que $\|f\|_{\Sigma_{\mathscr{P}}(\theta)} < 1$. Soit $f \in \mathscr{C}(X)$ tel que $\|f\|_{\Sigma_{\mathscr{P}}(\theta)} = r < 1$ et considérons la décomposition $f = \theta_r \circ f + (f - \theta_r \circ f)$, (la fonction θ_r a été définie au paragraphe III.1). D'une part, $\theta_r \circ f$ appartient à $r\Delta$, donc à $r\theta$. D'autre part, $f - \theta_r \circ f$ est nul sur $\Sigma_{\mathscr{P}}(\theta)$, donc appartient à $r'\theta$ pour tout $r' > 0$. Au total, on a donc $f \in \theta$.

Prouvons à présent que θ contient $b_{\Sigma_{\mathscr{P}}(\theta)}$. Soit $f \in b_{\Sigma_{\mathscr{P}}(\theta)}$: on a donc $\|f\|_{\Sigma_{\mathscr{P}}(\theta)} \leq 1$. Alors, la suite $(1-1/n)f$ appartient à θ, vu ce qui précède, et converge évidemment vers f dans $[C(X),\mathscr{P}]$. De là, f appartient à θ car θ est fermé dans $[C(X),\mathscr{P}]$.

c) Soit θ un tonneau de $[C(X),\mathscr{P}]$ dont le $\mathscr{P}$-socle n'appartient pas à la famille $Y_{\bar{\mathscr{P}}}$-saturée associée à $\mathscr{P}$. Vu la partie (b) de la proposition II.11.2, il existe alors une suite G'_n d'ouverts de $Y_{\bar{\mathscr{P}}}$ qui est $\mathscr{P}$-finie et telle que $G'_n \cap \Sigma_{\mathscr{P}}(\theta) \neq \emptyset$ pour tout $n \in \mathbb{N}$. Pour tout $n \in \mathbb{N}$, il existe un ouvert G_n de υX tel que $G'_n = G_n \cap Y_{\bar{\mathscr{P}}}$, et $\mu_n \in \theta^{\Delta}_{\mathscr{P}}$ tel que $G_n \cap [\mu_n] \neq \emptyset$. De là, vu la partie b) du théorème III.3.3, pour tout $n \in \mathbb{N}$, il existe $f_n \in \mathscr{C}^b(X)$ tel que $[f_n] \subset G_n$ et $\int f_n \, d\mu_n = n$. Au total, la suite f_n est bornée dans $[C(X),\mathscr{P}]$ car la suite G_n est $\mathscr{P}$-finie, mais n'est pas absorbée par θ. D'où la conclusion. □

De la sorte, nous avons établi que la famille d'ensembles

$$\{rb_B : r > 0,\ B \in \mathcal{B}(\upsilon X, Y_{\bar{\mathcal{P}}})\}$$

est une famille fondamentale des tonneaux de l'espace $[C(X),\mathcal{P}]$ et que la famille d'ensembles

$$\{rb_B : r > 0,\ B \in \tilde{\mathcal{P}}^{Y_{\bar{\mathcal{P}}}}\}$$

est une famille fondamentale des tonneaux bornivores de l'espace $[C(X),\mathcal{P}]$.

d) Passons à présent au cas des d-tonneaux et des σ-tonneaux de l'espace $[C(X),\mathcal{P}]$.

DEFINITIONS III.3.10. Une partie B de υX est une partie $(\mathcal{P}P_\sigma)$-<u>bornante</u> si B est bornant dans υX et est l'adhérence dans $Y_{\bar{\mathcal{P}}}$ de la réunion d'une suite d'éléments de $\bar{\mathcal{P}}$. Elle est $(\mathcal{P}S_\sigma)$-<u>bornante</u> si B est le $\mathcal{P}$-support d'une suite bornée de $[C(X),\mathcal{P}]^*_s$.

THEOREME III.3.11.

a) <u>Pour toute partie</u> $(\mathcal{P}P_\sigma)$-<u>bornante</u> B <u>de</u> υX, b_B <u>est un</u> d-<u>tonneau de</u> $[C(X),\mathcal{P}]$.

b) <u>Le</u> $\mathcal{P}$-<u>socle de tout</u> d-<u>tonneau de</u> $[C(X),\mathcal{P}]$ <u>est une partie</u> $(\mathcal{P}P_\sigma)$-<u>bornante de</u> υX.

<u>Preuve</u>. a) Supposons que B soit égal à $\overline{\bigcup_{n=1}^{\infty} B_n}^{Y_{\bar{\mathcal{P}}}}$, chaque B_n appartenant à $\bar{\mathcal{P}}$. On voit aisément que b_B est alors égal à l'intersection des b_{B_n}, donc est intersection dénombrable de semi-boules fermées de centre 0 dans $[C(X),\mathcal{P}]$. De plus, comme B est bornant dans υX, on voit que b_B est absorbant. Au total, b_B est un d-tonneau de $[C(X),\mathcal{P}]$.

b) Soit θ un d-tonneau de $[C(X),\mathcal{P}]$: c'est donc une intersection dénombrable de voisinages absolument convexes et fermés V_n de 0 dans $[C(X),\mathcal{P}]$ et nous pouvons, sans restriction, supposer ces ensembles V_n emboîtés en décroissant. On obtient alors

$$\Sigma_{\mathcal{P}}(\theta) = \left[\left(\bigcap_{n=1}^{\infty} V_n\right)^{\Delta}_{\mathcal{P}}\right]_{\mathcal{P}} = \left[\overline{\bigcup_{n=1}^{\infty} (V_n)^{\Delta}_{\mathcal{P}}}^{[C(X),\mathcal{P}]^*_s}\right]_{\mathcal{P}}$$

$$\underset{(*)}{=} \left[\bigcup_{n=1}^{\infty} (V_n)^{\Delta}_{\mathcal{P}}\right]_{\mathcal{P}} = \overline{\bigcup_{n=1}^{\infty} \left[(V_n)^{\Delta}_{\mathcal{P}}\right]_{\mathcal{P}}}^{Y_{\bar{\mathcal{P}}}} = \overline{\bigcup_{n=1}^{\infty} \Sigma_{\mathcal{P}}(V_n)}^{Y_{\bar{\mathcal{P}}}},$$

l'égalité (*) provenant de ce que tout $f \in \mathscr{C}(X)$ nul sur $[\bigcup_{n=1}^{\infty} (V_n)^{\Delta}_{\mathcal{P}}]_{\mathcal{P}}$ est annulé par tout élément de $\mathcal{A} = \bigcup_{n=1}^{\infty} (V_n)^{\Delta}_{\mathcal{P}}$, donc par tout élément de l'adhérence de $\mathcal{A}$ dans $[C(X),\mathcal{P}]^*_s$. Dès lors, $\Sigma_{\mathcal{P}}(\theta)$ est une partie bornante de υX par application de la partie b) du théorème III.3.5 car θ est un tonneau de $[C(X),\mathcal{P}]$, et c'est même une partie $(\mathcal{P}P)_{\sigma}$-bornante de υX car chaque $\Sigma_{\mathcal{P}}(V_n)$ appartient à $\bar{\mathcal{P}}$ vu la partie a) du même théorème III.3.5. □

De la sorte, nous avons établi que la famille d'ensembles

$$\{rb_B : r > 0,\ B \in \mathcal{B}(\upsilon X, Y_{\bar{\mathcal{P}}}) \text{ est } (\mathcal{P}P_{\sigma})\text{-bornant}\}$$

est une famille fondamentale des d-tonneaux de l'espace $[C(X),\mathcal{P}]$ et que la famille d'ensembles

$$\{rb_B : r > 0,\ B \in \tilde{\mathcal{P}}^{Y_{\bar{\mathcal{P}}}} \text{ est } (\mathcal{P}P_{\sigma})\text{-bornant}\}$$

est une famille fondamentale des d-tonneaux bornivores de l'espace $[C(X),\mathcal{P}]$.

THEOREME III.3.12.

a) <u>Pour toute partie</u> $(\mathcal{P}S_{\sigma})$-<u>bornante</u> B <u>de</u> υX, b_B <u>est inclus dans un</u> σ-<u>tonneau de l'espace</u> $[C(X),\mathcal{P}]$ <u>et c'est un</u> σ-<u>tonneau si, pour tout</u> $\mu \in [C(X),\mathcal{P}]^*$, $b_{[\mu]}$ <u>est un</u> σ-<u>tonneau</u>.

b) <u>Le</u> $\mathcal{P}$-<u>socle de tout</u> σ-<u>tonneau de</u> $[C(X),\mathcal{P}]$ <u>est une partie</u> $(\mathcal{P}S_{\sigma})$-<u>bornante de</u> υX.

<u>Preuve</u>. a) De fait, si B est égal à $\overline{\bigcup_{n=1}^{\infty} [\mu_n]}^{Y_{\bar{\mathcal{P}}}}$ où la suite μ_n est bornée dans $[C(X),\mathcal{P}]_s^*$, pour tout n, il existe un nombre complexe c_n tel que $|c_n|\ V\mu_n([\mu_n]) = 1$, donc tel que $b_B \subset (c_n\mu_n)^{\nabla}$, d'où

$$b_B \subset \bigcap_{n=1}^{\infty} (c_n \mu_n)^{\nabla}.$$

La deuxième partie est immédiate.

La preuve de b) est analogue à celle de la propriété correspondante dans le théorème précédent. □

De la sorte, si $b_{[\mu]}$ est un σ-tonneau de $[C(X),\mathcal{P}]$ pour tout $\mu \in [C(X),\mathcal{P}]^*$, nous avons établi que la famille d'ensembles

$$\{rb_B\colon r > 0,\ B \in \mathcal{B}(\upsilon X, Y_{\bar{\mathcal{P}}}) \text{ est } (\mathcal{P}S_{\sigma})\text{-bornant}\}$$

est une famille fondamentale des σ-tonneaux de l'espace $[C(X),\mathcal{P}]$ et que la famille d'ensembles

$$\{rb_B\colon r > 0,\ B \in \tilde{\mathcal{P}}^{Y_{\bar{\mathcal{P}}}} \text{ est } (\mathcal{P}S_{\sigma})\text{-bornant}\}$$

est une famille fondamentale des σ-tonneaux bornivores de l'espace $[C(X),\mathcal{P}]$.

<u>Caractérisation des espaces $[C(X),\mathcal{P}]$</u>
<u>tonnelés</u>, d-<u>tonnelés</u>, σ-<u>tonnelés</u>,
<u>évaluables</u>, d-<u>évaluables ou</u> σ-<u>évaluables</u>

On a le résultat général suivant.

THEOREME III.3.13.

a) <u>L'espace</u> $[C(X),\mathcal{P}]$ <u>est tonnelé</u> (resp. <u>évaluable</u>) <u>si et seulement si toute partie bornante de</u> υX <u>incluse dans</u> $Y_{\bar{\mathcal{P}}}$ (resp. <u>toute partie bornante de</u> υX <u>incluse dans</u> $Y_{\bar{\mathcal{P}}}$ <u>et appartenant à la famille</u> $Y_{\bar{\mathcal{P}}}$-<u>saturée associée à</u> $\mathcal{P}$) <u>appartient à</u> $\bar{\mathcal{P}}$.

b) <u>L'espace</u> $[C(X),\mathcal{P}]$ <u>est</u> d-<u>tonnelé</u> (resp. d-<u>évaluable</u>) <u>si et seulement si toute partie</u> $(\mathcal{P}P_{\sigma})$-<u>bornante de</u> υX [resp. <u>toute partie</u> $(\mathcal{P}P_{\sigma})$-<u>bornante de</u> υX <u>appartenant à la famille</u> $Y_{\bar{\mathcal{P}}}$-<u>saturée associée à</u> $\mathcal{P}$] <u>appartient à</u> $\bar{\mathcal{P}}$.

c) <u>L'espace</u> $[C(X),\mathcal{P}]$ <u>est</u> σ-<u>tonnelé</u> (resp. σ-<u>évaluable)</u> <u>si et seulement si toute partie</u> $(\mathcal{P}S_\sigma)$-<u>bornante de</u> ϑX [resp. <u>toute partie</u> $(\mathcal{P}S_\sigma)$-<u>bornante de</u> ϑX <u>appartenant à la famille</u> $Y_{\bar{\mathcal{P}}}$-<u>saturée associée à</u> $\mathcal{P}$] <u>appartient à</u> $\bar{\mathcal{P}}$.

<u>Preuve</u>. Etablissons tout d'abord l'énoncé relatif aux espaces tonnelés; les cas relatifs aux espaces évaluable, d-tonnelé et d-évaluable se traitent de manière analogue à partir des théorèmes III.3.9 et III.3.11 et de la partie c) du théorème III.3.9 lorsqu'il s'agit des cas évaluable et d-évaluable.

La condition est nécessaire. Si B est une partie bornante de ϑX incluse dans $Y_{\bar{\mathcal{P}}}$, la partie a) du théorème III.3.9 signale que $\bar{B}^{Y_{\mathcal{P}}}$ est le $\mathcal{P}$-socle du tonneau b_B de $[C(X),\mathcal{P}]$. Si $[C(X),\mathcal{P}]$ est tonnelé, il existe alors $B' \in \mathcal{P}$ et $r > 0$ tels que b_B contienne $rb_{B'}$, donc tels que

$$\bar{B}^{Y_{\bar{\mathcal{P}}}} = \Sigma_{\mathcal{P}}(b_B) \subset \Sigma_{\mathcal{P}}(b_{B'}) = \bar{B'}^{Y_{\bar{\mathcal{P}}}} \in \bar{\mathcal{P}}.$$

La condition est suffisante. Si toute partie bornante de ϑX incluse dans $Y_{\bar{\mathcal{P}}}$ appartient à $\bar{\mathcal{P}}$, comme tout tonneau θ de $[C(X),\mathcal{P}]$ contient un multiple de Δ vu la proposition III.3.7, donc contient un multiple de $b_{\Sigma_{\mathcal{P}}(\theta)}$ vu la partie b) du théorème III.3.9, on déduit que tout tonneau de $[C(X),\mathcal{P}]$ est un voisinage de 0 dans $[C(X),\mathcal{P}]$.

Etablissons à présent l'énoncé relatif aux espaces σ-tonnelés; celui relatif aux espaces σ-évaluables s'établit de manière analogue.

La condition est nécessaire. Soit μ_n une suite de $[C(X),\mathcal{P}]$ telle que $[\bigcup_{n=1}^{\infty} \mu_n]_{\mathcal{P}}$ soit bornant dans ϑX. Pour tout n, il existe un nombre complexe $c_n \neq 0$ tel que

$$\left|c_n \int f \, d\mu_n\right| \leq \sup_{x\in[\mu_n]} |f(x)|, \forall f \in \mathcal{C}(X).$$

Vu que $[c_n\mu_n]$ est égal à $[\mu_n]$ pour tout n, on a

$$\left[\bigcup_{n=1}^{\infty} c_n \mu_n\right]_{\mathcal{P}} = \left[\bigcup_{n=1}^{\infty} \mu_n\right]_{\mathcal{P}}.$$

De là, comme tout $f \in \mathscr{C}(X)$ est borné sur $[\bigcup_{n=1}^{\infty} \mu_n]_{\mathscr{P}}$, la suite $c_n\mu_n$ est bornée dans $[C(X),\mathscr{P}]_s^*$, donc est équicontinue car $[C(X),\mathscr{P}]$ est σ-tonnelé. Il existe donc $B \in \mathscr{P}$ tel que

$$\left[\bigcup_{n=1}^{\infty} \mu_n\right]_{\mathscr{P}} = \left[\bigcup_{n=1}^{\infty} c_n \mu_n\right]_{\mathscr{P}} \subset \overline{B}^{\upsilon X},$$

d'où la conclusion.

La condition est suffisante. De fait, pour toute suite bornée μ_n de $[C(X),\mathscr{P}]_s^*$, $[\bigcup_{n=1}^{\infty} \mu_n]_{\mathscr{P}}$ est une partie (PS_σ)-bornante de υX, donc appartient à $\bar{\mathscr{P}}$ et la partie c) du théorème III.3.5 affirme qu'alors la suite μ_n est équicontinue. □

Envisageons quelques cas simples d'application de ces résultats.

a) Si Y est une partie dense de υX et si $\mathscr{P}$ est égal à $\mathscr{A}(Y)$, rappelons qu'on a $Y_{\mathscr{P}} = Y$, $\bar{\mathscr{P}} = \mathscr{P} = \tilde{\mathscr{P}}^Y$ et $Y_{\bar{\mathscr{P}}} = Y$. On obtient ainsi immédiatement le résultat suivant qui améliore le théorème (1.5) de [7].

COROLLAIRE III.3.14. <u>Pour toute partie dense</u> Y <u>de</u> υX, <u>l'espace</u> $[C(X),\mathscr{A}(Y)]$ <u>est évaluable</u>. □

Par contre, $[C(X),\mathscr{A}(Y)]$ est tonnelé, d-tonnelé ou σ-tonnelé si et seulement si toute partie bornante de υX incluse dans Y est finie. Pour le cas tonnelé, c'est immédiat; pour les autres cas, cela résulte de la proposition P.3.4.

b) Si $\mathscr{P}$ est égal à $\mathscr{K}(Y)$, on a $Y_{\mathscr{P}} = Y$, $\bar{\mathscr{P}} = \mathscr{P}$ et $Y_{\bar{\mathscr{P}}} = Y$. On en déduit immédiatement les résultats suivants.

COROLLAIRE III.3.15.

a) [35], [51]. <u>L'espace</u> $C_c(X)$ <u>est tonnelé si et seulement si toute partie bornante de</u> X <u>est relativement compacte, c'est-à-dire si et seulement si</u> X <u>est un</u> μ-<u>espace</u>.

b) [58]. <u>L'espace</u> $C_c(X)$ <u>est évaluable si et seulement si toute partie</u> B <u>de</u> X <u>sur laquelle toute fonction réelle positive et semi-continue inférieurement sur</u> X, <u>et bornée sur tout compact de</u> X <u>est bornée, est relativement compacte</u>. □

Rappelons que le cas a) du corollaire précédent et le théorème III.2.4 ont fourni le premier exemple d'espace linéaire à semi-normes tonnelé et non bornologique ([35] et [51]). De fait, tout espace discret est un μ-espace, mais n'est replet que si et seulement s'il est de cardinalité modérée. Dès lors, si on admet l'existence d'un ensemble de cardinalité non modérée, l'espace discret associé X est tel que $C_c(X)$ soit tonnelé et non bornologique. (Par contre, tout espace $C_c(X)$ bornologique est tonnelé).

Rappelons aussi que l'espace $C_c(X)$ où X est l'espace complètement régulier et séparé de l'exemple II.12.2 est évaluable et non tonnelé.[23]

COROLLAIRE III.3.16. [42] <u>L'espace</u> $C_c(X)$ <u>est</u> d-<u>tonnelé si et seulement si toute partie bornante de</u> X <u>qui est réunion d'une famille dénombrable de compacts de</u> X, <u>est relativement compacte</u>. □

Notons que, si Ω désigne l'ensemble des nombres ordinaux dénombrables muni de la topologie de l'ordre canonique, alors Ω est pseudo-compact et tel que toute réunion dénombrable de parties compactes de Ω soit relativement compacte. On en déduit que $C_c(\Omega)$ est un exemple d'espace d-tonnelé et non tonnelé, donc non évaluable vu la proposition P.3.4. De plus, on voit aisément que $C_c(\Omega)$ a une famille fondamentale dénombrable de bornés, donc que $C_c(\Omega)$ est un espace (DF). Enfin, on vérifie de suite que cet espace est sq-complet car, pour tout $f \in \mathscr{C}(\Omega)$, il existe $\alpha \in \Omega$ tel que $f(\beta)$ soit égal à $f(\alpha)$ pour tout $\beta \in \Omega$ tel que $\alpha \leq \beta$.

PROPOSITION III.3.17. [7], [41] <u>Les assertions suivantes sont équivalentes</u> :

(a) <u>l'espace</u> $C_c(X)$ <u>est</u> σ-<u>tonnelé</u>.

$(b)_{\mathscr{F}}$ <u>si</u> $\mathscr{F}$ <u>est un recouvrement relativement compact et absolument convexe de</u> $[C_c(X)]_a$, <u>qui contient les unions finies de ses éléments</u>, $[C_c(X)]^*_{\mathscr{F}}$ <u>est</u> sq-<u>complet</u>.

(c) <u>la bornologie de</u> $[C_c(X)]^*_s$ <u>est complétante</u>.

(d) <u>si les</u> μ_n <u>appartiennent à</u> $[C_c(X)]^*$ <u>et si</u> $\bigcup_{n=1}^{\infty} [\mu_n]$ <u>est une partie bornante de</u> X, <u>alors</u> $\bigcup_{n=1}^{\infty} [\mu_n]$ <u>est relativement compact</u>.

De plus, chacune de ces assertions implique que toute partie bornante et séparable de X est relativement compacte.

Preuve. (a) $\Rightarrow$ (b) et (b) $\Rightarrow$ (c) sont bien connus.

(c) $\Rightarrow$ (d). On peut supposer, sans restriction, que les mesures μ_n considérées dans (d) sont positives et telles que $V\mu(X) = 1$. Mais alors, la suite μ_n est bornée dans $[C_c(X)]^*_s$ car, pour tout $f \in \mathscr{C}(X)$, on a

$$\left|\int f \, d\mu_n\right| \leq \|f\|_{[\mu_n]} \leq \|f\|_B,$$

où B désigne la partie bornante $\bigcup_{n=1}^{\infty} [\mu_n]$ de X. Vu (c), la série $\sum_{n=1}^{\infty} 2^{-n} \mu_n$ converge dans $[C_c(X)]^*_s$ vers une mesure positive μ à support compact. Alors, pour tout n, on a $2^{-n} \mu_n \leq \mu$ d'où on déduit que $[\mu_n]$ est inclus dans $[\mu]$ et finalement que B est inclus dans $[\mu]$.

(d) $\Rightarrow$ (a) résulte immédiatement de la partie (c) du théorème III.3.13.

Pour conclure, il suffit de noter que, si $\{x_n : n \in \mathbb{N}\}$ est une partie dénombrable dense de la partie bornante B de X, $\{x_n\}$ est le support de la mesure δ_{x_n} quel que soit n et dès lors que $\bigcup_{n=1}^{\infty} \{x_n\}$ est relativement compact, vu (d). □

Espaces tonnelé, d-tonnelé, σ-tonnelé, évaluable, d-évaluable et σ-évaluable associés à $[C(X),\mathscr{P}]$

Le cas de l'espace tonnelé associé à $[C(X),\mathscr{P}]$ est particulier.

Rappelons que l'espace fort associé à un espace linéaire à semi-normes (E,P_o) est cet espace linéaire muni de la topologie localement convexe déterminée par la famille des tonneaux de (E,P_o) : c'est l'espace (E,P_1), avec les notations du paragraphe I.4.

PROPOSITION III.3.18. Si Y est une partie dense de υX, $[C(X),\mathscr{B}(\upsilon X,Y_{\bar{\mathscr{P}}})]$ est l'espace fort associé à $[C(X),\mathscr{P}]$.

En particulier, si Y est une partie dense de υX et si $\mathscr{P}$

est tel que $\mathcal{A}(Y) \subset \mathcal{P} \subset \mathcal{K}(Y)$, alors, $[C(X),\mathcal{B}(\upsilon X,Y)]$ est l'espace fort associé à $[C(X),\mathcal{P}]$; ainsi $C_b(X)$ est l'espace fort associé à $C_s(X)$ et à $C_c(X)$.

Preuve. La démonstration est en fait contenue dans celle du théorème III.3.13.

D'une part, si B est une partie bornante de υX incluse dans $Y_{\bar{\mathcal{P}}}$, la partie a) du théorème III.3.9 signale que $\bar{B}^{Y_{\bar{\mathcal{P}}}}$ est le $\mathcal{P}$-socle du tonneau b_B de $[C(X),\mathcal{P}]$. D'autre part, tout tonneau θ de $[C(X),\mathcal{P}]$ absorbe Δ vu la proposition III.3.7, donc contient un multiple de $b_{\Sigma_{\mathcal{P}}(\theta)}$ vu la partie b) du théorème III.3.9. □

THEOREME III.3.19. [4], [7], [46]. Soit Y une partie dense de υX; l'espace $[C(X),\mathcal{K}(\mu_Y X)]$ est l'espace tonnelé associé à $[C(X),P]$ pour tout système P de semi-normes sur $\mathcal{C}(X)$ compris entre ceux de $[C(X),\mathcal{A}(Y)]$ et de $[C(X),\mathcal{K}(\mu_Y X)]$.

Preuve. Remarquons tout d'abord que les espaces tonnelés associés aux espaces $[C(X),\mathcal{P}]$ et $[C(X),\mathcal{B}(\upsilon X,Y_{\mathcal{P}})]$ coïncident. De fait, la proposition précédente établit notamment que, si Y est une partie dense de υX, l'espace fort associé à $[C(X),\mathcal{A}(Y)]$ coïncide avec $[C(X),\mathcal{B}(\upsilon X,Y)]$, donc que les espaces tonnelés associés à $[C(X),\mathcal{A}(Y)]$ et $[C(X),\mathcal{B}(\upsilon X,Y)]$ coïncident.

Cela étant, désignons par E l'espace tonnelé associé à $[C(X),\mathcal{A}(Y)]$ et prouvons que, avec les notations introduites au paragraphe II.10, pour tout nombre ordinal α, l'espace $[C(X),\mathcal{B}(\upsilon X,X_Y^\alpha)]$ a un système de semi-normes moins fort que E. Vu ce qui précède, c'est déjà vrai pour $\alpha = 0$. De plus, pour tout nombre ordinal α, $[C(X),\mathcal{B}(\upsilon X,X_Y^{\alpha+1})]$ est l'espace fort associé à $[C(X),\mathcal{B}(\upsilon X,X_Y^\alpha)]$, vu la proposition précédente. Enfin, si α est un nombre ordinal limite et si E a un système de semi-normes plus fort que celui de $[C(X),\mathcal{B}(\upsilon X,X_Y^\beta)]$ quel que soit $\beta < \alpha$, alors, vu la définition de $\mathcal{B}(\upsilon X,X_Y^\alpha)$, on voit que E a encore un système de semi-normes plus fort que celui de $[C(X),\mathcal{B}(\upsilon X,X_Y^\alpha)]$.

Pour conclure, il suffit alors de noter que si α est le premier nombre ordinal tel que

$$X_Y^{\alpha+1} = X_Y^{\alpha} ,$$

alors, par la partie a) du théorème III.3.13, l'espace $[C(X),\mathcal{B}(\upsilon X,X_Y^{\alpha})]$ est tonnelé et cet espace $[C(X),\mathcal{B}(\upsilon X,X_Y^{\alpha})]$ est égal à $C_c(\mu_Y X)$ car, comme on a $X_Y^{\alpha+1} = X_Y^{\alpha}$, toute partie bornante de υX incluse dans $\mu_Y X$ [c'est-à-dire tout élément de $\mathcal{B}(\upsilon X,X_Y^{\alpha})$] a son adhérence dans υX qui est incluse dans $\mu_Y X$, donc relativement compacte dans $\mu_Y X$. □

REMARQUE III.3.20. Le théorème précédent généralise le résultat suivant [7] : pour tout système P de semi-normes sur $\mathscr{C}(X)$, compris entre ceux de $C_s(X)$ et de $C_c(\mu X)$, l'espace $C_c(\mu X)$ est l'espace tonnelé associé à $[C(X),\mathscr{P}]$. Cependant, il convient de remarquer qu'en général, l'espace tonnelé associé à $[C(X),P]$, où P désigne un système de semi-normes plus faible que celui de $C_s(X)$, n'est plus $C_c(\mu X)$. Ainsi, soit X un P-espace non discret et soit x_o un point non isolé de X. Alors l'espace $Y = X \setminus \{x_o\}$ est dense dans X et, puisque toute partie bornante B de X est finie, on a

$$X = \mu X \quad \text{et} \quad \mathcal{A}(Y) = \mathcal{B}(\upsilon X,Y).$$

Dès lors, nous avons

$$[C(X),\mathcal{A}(Y)] = [C(X),\mathcal{B}(\upsilon X,Y)] ,$$

ce qui prouve que ces espaces sont tonnelés et cependant ils diffèrent de $C_c(\mu X) = C_s(X)$.

Les autres espaces associés que nous avons en vue sont plus malaisés à obtenir. Nous allons traiter le cas de l'espace évaluable associé en détail, puis donner les modifications à apporter à cette construction pour obtenir les autres espaces associés.

a) Construction de l'espace évaluable associé à $[C(X),\mathscr{P}]$ [6], [46]

Posons $Y_o = Y$ et $\mathscr{P}_o = \mathscr{P}$ puis, pour tout nombre ordinal α, définissons par récurrence Y_α et $\mathcal{P}_\alpha$ par

$$Y_\alpha = (Y_{\alpha-1})_{\overline{\mathcal{P}}_{\alpha-1}} \quad \text{et} \quad \mathcal{P}_\alpha = (\mathcal{P}_{\alpha-1})^{\sim Y_\alpha}$$

si α admet un prédécesseur, et

$$Y_\alpha = \bigcup_{\beta<\alpha} Y_\beta \quad \text{et} \quad \mathcal{P}_\alpha = \bigcup_{\beta<\alpha} \mathcal{P}_\beta$$

si α est un nombre ordinal limite.

Pour des raisons de cardinalité, il existe alors un plus petit nombre ordinal e tel que $Y_e = Y_{e+1}$ et $\mathcal{P}_e = \mathcal{P}_{e+1}$.

La partie a) du théorème III.3.13 montre alors que l'espace $[C(X),\mathcal{P}_e]$ est évaluable. De plus, par récurrence transfinie, démontrons que, pour tout nombre ordinal α, tout opérateur linéaire continu T de E évaluable dans $[C(X),\mathcal{P}]$ est encore continu de E dans $[C(X),\mathcal{P}_\alpha]$, ce qui établira que $[C(X),\mathcal{P}_e]$ est l'espace évaluable associé à $[C(X),\mathcal{P}]$. D'une part, pour tout nombre ordinal α, si T est un opérateur linéaire continu de l'espace évaluable E dans $[C(X),\mathcal{P}_\alpha]$, il est encore continu de E dans $[C(X),\mathcal{P}_{\alpha+1}]$: de fait, vu le théorème III.3.9, une base fondamentale de la famille des semi-boules fermées de $[C(X),\mathcal{P}_{\alpha+1}]$ est donnée par la famille des tonneaux bornivores de $[C(X),\mathcal{P}_\alpha]$ et, comme l'image inverse par un opérateur linéaire continu d'un tonneau bornivore est un tonneau bornivore, on obtient que T est continu de E dans $[C(X),\mathcal{P}_{\alpha+1}]$. D'autre part, si α est un nombre ordinal limite et si T est un opérateur linéaire continu de E dans $[C(X),\mathcal{P}_\beta]$ quel que soit le nombre ordinal $\beta < \alpha$, il est trivial que T est continu de E dans $[C(X),\mathcal{P}_\alpha]$ car, vu la définition de $\mathcal{P}_\alpha$ dans ce cas, $[C(X),\mathcal{P}_\alpha]$ est la limite projective des espaces $[C(X),\mathcal{P}_\beta]$, $(\beta<\alpha)$.

b) <u>Construction des espaces</u> d-<u>tonnelé et</u> d-<u>évaluable associés à</u> $C_{\mathcal{P}}(X)$ [37], [46]

Ici, on définit les Y_α comme en a) ci-dessus. En ce qui concerne les $\mathcal{P}_\alpha$, on pose $\mathcal{P}_0 = \mathcal{P}$ puis, par récurrence, on définit $\mathcal{P}_\alpha$ comme étant la famille héréditaire à gauche, filtrante croissante et stable par passage à l'adhérence, engendrée par les parties bornantes $(\mathcal{P}_{\alpha-1}\ P_\sigma)$ de Y_α [resp. par les parties bornantes $(\mathcal{P}_{\alpha-1}\ P_\sigma)$ de Y_α, appartenant à $(\mathcal{P}_{\alpha-1})^{\sim Y_\alpha}$] si α admet un prédécesseur, et comme étant l'union des familles $\mathcal{P}_\beta$ pour $\beta < \alpha$ si α est un nombre ordinal limite.

Pour des raisons de cardinalité, il existe un plus petit nombre ordinal dt (resp. de) tel que

$$Y_{dt} = Y_{dt+1} \text{ et } \mathcal{P}_{dt} = \mathcal{P}_{dt+1} \text{ (resp. } Y_{de} = Y_{de+1} \text{ et } \mathcal{P}_{de} = \mathcal{P}_{de+1})$$

et on vérifie alors aisément que $[C(X),\mathcal{P}_{dt}]$ {resp. $[C(X),\mathcal{P}_{de}]$} est l'espace d-tonnelé (resp. d-évaluable) associé à $[C(X),\mathcal{P}]$.

c) Construction des espaces σ-tonnelé et σ-évaluable associés à $C_{\mathcal{P}}(X)$ [37], [46]

On procède comme en b) ci-dessus, mais

- d'une part, pour obtenir l'espace σ-tonnelé associé, on remplace $\mathcal{P}_{\alpha+1}$ par la réunion de la famille $\bar{\mathcal{P}}_\alpha$ et de la famille des parties $(\mathcal{P}_{\alpha-1}\ S_\sigma)$-bornantes de Y_α.

- d'autre part, pour obtenir l'espace σ-évaluable associé, on remplace $\mathcal{P}_{\alpha+1}$ par la réunion de la famille $\bar{\mathcal{P}}_\alpha$ et de la famille des parties $(\mathcal{P}_{\alpha-1}\ S_\sigma)$-bornantes de Y_α, appartenant à $(\mathcal{P}_\alpha)^{\sim X_\alpha}$.

b) Cas des espaces $[C^b(X),\mathcal{Q}]$ [43], [46]

Espace tonnelé associé à $[C^b(X),\mathcal{Q}]$

THEOREME III.3.21. L'espace $C^b(X)$ est l'espace tonnelé associé à $[C^b(X),P]$ pour tout système P de semi-normes sur $\mathcal{C}^b(X)$ plus faible que celui de $C^b(X)$.

Preuve. C'est une conséquence immédiate de la proposition I.4.3 car $C^b(X)$ est un espace de Banach. □

Espace d-tonnelé associé à $[C^b(X),\mathcal{Q}]$

PROPOSITION III.3.22. Pour tout d-tonneau θ de $[C^b(X),\mathcal{Q}]$, il existe une suite $A_n \in \mathcal{Q}$ et un nombre $r > 0$ tels que

$$\theta \supset \{f \in \mathcal{C}^b(X) : \|f\|_{\bigcup_{n=1}^{\infty} A_n} \leq r\}.$$

Preuve. Soit $\theta = \bigcap_{n=1}^{\infty} V_n$ un d-tonneau de $[C^b(X),\mathcal{Q}]$, les V_n étant des voisinages fermés et absolument convexes de 0 dans $[C^b(X),\mathcal{Q}]$.

D'une part, comme θ est un tonneau de $[C^b(X),\mathcal{Q}]$, c'est un tonneau de $C^b(X)$ et il existe $r > 0$ tel que

$$\theta \supset \{f \in \mathscr{C}^b(X) : \|f\|_X \leqslant r\}.$$

D'autre part, pour tout $n \in \mathbb{N}$, il existe $A_n \in \mathcal{Q}$ et $r_n > 0$ tels que

$$V_n \supset \{f \in \mathscr{C}^b(X) : \|f\|_{A_n} \leqslant r_n\}.$$

Pour tout n, V_n contient θ et dès lors, on peut exiger que r_n soit supérieur ou égal à r car, si $f \in \mathscr{C}^b(X)$ est tel que $\|f\|_{A_n} \leq r$, on a

$$f = \theta_r \circ f + (f - \theta_r \circ f) \in \theta + \varepsilon V_n \subset (1+\varepsilon)\, V_n$$

quel que soit $\varepsilon > 0$ et on en déduit que f appartient à V_n car V_n est fermé et absolument convexe.

D'où la conclusion car, au total, on a

$$\theta = \bigcap_{n=1}^{\infty} V_n \supset \bigcap_{n=1}^{\infty} \{f \in \mathscr{C}^b(X) : \|f\|_{A_n} \leqslant r\},$$

alors que ce dernier ensemble est égal à

$$\{f \in \mathscr{C}^b(X) : \|f\|_{\bigcup_{n=1}^{\infty} A_n} \leqslant r\}. \square$$

LEMME III.3.23 <u>Si</u> A <u>et</u> A' <u>sont des parties de</u> βX <u>et si les nombres</u> r <u>et</u> r' <u>sont strictement positifs, alors on a</u>

$$\{f \in \mathscr{C}^b(X) : \|f\|_A \leqslant r\} \supset \{f \in \mathscr{C}^b(X) : \|f\|_{A'} \leqslant r'\}$$

<u>si et seulement si</u> A <u>est inclus dans</u> $\overline{A'}^{\beta X}$ <u>et</u> r <u>supérieur à</u> r'.

<u>Preuve</u>. La condition est évidemment suffisante.

Elle est nécessaire. D'une part, on a $A \subset \overline{A'}^{\beta X}$ car si x est un élément de $A \setminus \overline{A'}^{\beta X}$, il existe $f \in \mathscr{C}^b(X)$ tel que $f(\overline{A'}^{\beta X}) = 0$ et $f(x) = r+1$, d'où une contradiction. Cela étant, il est immédiat qu'on doit avoir $r \geq r'$. $\square$

THEOREME III.3.24

a) *L'espace* $[C^b(X),\mathcal{Q}]$ *est* d-*tonnelé si et seulement si* $\mathcal{Q}$ *contient les unions dénombrables de ses éléments.*

b) *L'espace* d-*tonnelé associé à* $[C^b(X),\mathcal{Q}]$ *est* $[C^b(X),\mathcal{Q}_d]$ *où* $\mathcal{Q}_d$ *désigne la famille des parties de* βX, *déterminée par les unions dénombrables d'éléments de* $\mathcal{Q}$.

Preuve. a) La suffisance de la condition résulte aussitôt de la proposition III.3.22.

La condition est nécessaire. De fait, si la suite A_n appartient à $\mathcal{Q}$, l'ensemble

$$\Theta = \bigcap_{n=1}^{\infty} \{f \in \mathscr{C}^b(X): \|f\|_{A_n} \leq 1\} = \{f \in \mathscr{C}^b(X): \|f\|_{\bigcup_{n=1}^{\infty} A_n} \leq 1\}$$

est un d-tonneau de $[C^b(X),\mathcal{Q}]$. Dès lors, si $[C^b(X),\mathcal{Q}]$ est d-tonnelé, il existe $A \in \mathcal{Q}$ et $r > 0$ tels que

$$\Theta \supset \{f \in \mathscr{C}^b(X): \|f\|_A \leq r\}.$$

D'où la conclusion, par le lemme précédent.

b) Vu a), le système de semi-normes de l'espace d-tonnelé associé à $[C^b(X),\mathcal{Q}]$ est plus fort que celui de $[C^b(X),\mathcal{Q}_d]$.

Pour conclure, il suffit de prouver que l'espace $[C^b(X),\mathcal{Q}_d]$ est d-tonnelé, ce qui est immédiat, par application de a). □

Espace σ-*tonnelé associé à* $[C^b(X),\mathcal{Q}]$

Remarquons que toute fonctionnelle linéaire continue τ sur $[C^b(X),\mathcal{Q}]$ est continue sur $C^b(X)$, donc peut être interprétée comme étant une mesure de Radon sur βX. En particulier, τ admet un support compact $[\tau]$ dans βX tel que $[c\tau] = [\tau]$ pour tout nombre complexe $c \neq 0$ et pour lequel il existe $C > 0$ tel que

$$|\tau(f)| \leq C \|f\|_{[\tau]}, \forall f \in \mathscr{C}^b(X).$$

De plus, $[\tau]$ est le plus petit fermé F de βX tel que $\tau(f)$ soit nul pour tout $f \in \mathscr{C}^b(X)$ nul sur F.

THEOREME III.3.25.

a) L'espace $[C^b(X),\mathcal{Q}]$ est σ-tonnelé si et seulement si, pour toute suite $\tau_n \in [C^b(X),\mathcal{Q}]^*$, $\|\cdot\|_{\overline{\bigcup_{n=1}^{\infty}[\tau_n]}}$ est une semi-norme continue sur $[C^b(X),\mathcal{Q}]$.

b) L'espace σ-tonnelé associé à $[C^b(X),\mathcal{Q}]$ est l'espace $[C^b(X),\mathcal{Q}']$, où $\mathcal{Q}'$ est la famille des parties de βX déterminée par $\mathcal{Q}$ et les unions dénombrables de supports d'éléments de $[C^b(X),\mathcal{Q}]^*$.

Preuve de a). La condition est nécessaire. Soit une suite $\tau_n \in [C^b(X),\mathcal{Q}]^*$. Pour tout $n \in \mathbb{N}$, il existe un nombre complexe $c_n \neq 0$ tel que

$$|c_n \tau_n(f)| \leq \|f\|_{[\tau_n]}, \forall f \in \mathcal{C}^b(X).$$

De là, la suite $c_n\tau_n$ est bornée dans $[C^b(X),\mathcal{Q}]^*_s$, donc équicontinue si $[C^b(X),\mathcal{Q}]$ est σ-tonnelé : il existe $A \in \mathcal{Q}$ et $C > 0$ tels que

$$\sup_{n\in\mathbb{N}} |c_n \tau_n(f)| \leq C \|f\|_A, \forall f \in \mathcal{C}^b(X).$$

On en déduit immédiatement que, pour tout n, on a

$$[\tau_n] = [c_n \tau_n] \subset \overline{A}^{\beta X},$$

d'où la conclusion.

La condition est suffisante. Soit τ_n une suite bornée de $[C^b(X),\mathcal{Q}]^*_s$ et posons

$$Y = \overline{\bigcup_{n=1}^{\infty} [\tau_n]}^{\beta X};$$

Y est donc une partie compacte de βX. De plus, par hypothèse, $\|\cdot\|_Y$ est une semi-norme continue sur $[C^b(X),\mathcal{Q}]$. Cela étant, pour tout $n \in \mathbb{N}$, on voit aisément qu'on peut définir une fonctionnelle linéaire τ'_n sur $\mathcal{C}^b(Y)$ par

$$\tau'_n(f) = \tau_n(\tilde{f}), \forall f \in \mathcal{C}^b(Y),$$

où $\tilde{f}$ désigne un prolongement continu et borné quelconque de f à βX. De plus, de façon immédiate, les τ'_n sont continus sur $C^b(Y)$ et constituent même une suite bornée de $[C^b(Y)]^*_s$. Comme $C^b(Y)$ est un espace de Banach, la suite τ'_n est équicontinue : il existe $C > 0$ tel que

$$\sup_{n \in \mathbb{N}} |\tau'_n(f)| \leq C \, \|f\|_Y \quad , \quad \forall \, f \in \mathscr{C}^b(Y) \quad .$$

D'où la conclusion car, de cette dernière majoration, on déduit aisément une majoration analogue pour les τ_n dans $[C^b(X),\mathcal{Q}]$.

<u>Preuve de</u> b). Vu a), le système de semi-normes de l'espace σ-tonnelé associé à $[C^b(X),\mathcal{Q}]$ est plus fort que celui de $[C^b(X),\mathcal{Q}']$.

Pour conclure, il suffit donc de prouver que l'espace $[C^b(X),\mathcal{Q}']$ est σ-tonnelé et, pour ce faire, vu a), il suffit d'établir que, pour tout $\tau \in [C^b(X),\mathcal{Q}']^*$, il existe une suite $\tau_n \in [C^b(X),\mathcal{Q}]^*$ telle que

$$[\tau] \subset \overline{\bigcup_{n=1}^{\infty} [\tau_n]}^{\beta X} \quad .$$

Soit $\tau \in [C^b(X),\mathcal{Q}']^*$. Par construction de $\mathcal{Q}'$, il existe $A \in \mathcal{Q}$, une suite $\tau_n \in [C^b(X),\mathcal{Q}]^*$ et $C > 0$ tels que

$$|\tau(f)| \leq C \sup \left(\|f\|_A, \|f\|_{\bigcup_{n=1}^{\infty} [\tau_n]}\right) \quad , \quad \forall \, f \in [C^b(X),\mathcal{Q}'] \quad .$$

Comme τ appartient à $[C^b(X),\mathcal{Q}']^*$, on a $\tau \in [C^b(X)]^*$ et τ peut donc être représenté par une mesure de Radon μ sur βX dont le support est contenu dans $\overline{A \cup \left(\bigcup_{n=1}^{\infty} [\tau_n]\right)}^{\beta X}$. Posons $\mu_1 = \mu_{\bar{A}^{\beta X}}$ et $\mu_2 = \mu - \mu_1$, où $\mu_{\bar{A}^{\beta X}}$ désigne la restriction de la mesure μ à l'ensemble $\bar{A}^{\beta X}$. Alors, μ_1 détermine une fonctionnelle linéaire τ_o sur $\mathscr{C}^b(X)$ telle que

$$|\tau_o(f)| = \left|\int f \, d\mu_{\bar{A}^{\beta X}}\right| \leq V\mu(\bar{A}^{\beta X}) \, . \, \|f\|_{[\tau_o]} \quad , \quad \forall \, f \in \mathscr{C}^b(X) \quad ,$$

c'est-à-dire que τ_o appartient à $[C^b(X),\mathcal{Q}]^*$. De là, il vient

$$|\tau(f)| = |\int f\, d\mu| \leqslant |\int f\, d\mu_1| + |\int f\, d\mu_2|$$

$$\leqslant V\mu(\overline{A}^{\beta X}).\|f\|_{[\tau_0]} + V\mu(\beta X \setminus \overline{A}^{\beta X}).\|f\|_{\overset{\infty}{\underset{n=1}{\cup}} [\tau_n]}$$

$$\leqslant V\mu(\beta X).\ \|f\|_{\overset{\infty}{\underset{n=0}{\cup}} [\tau_n]},$$

pour tout $f \in \mathscr{C}^b(X)$, car on a $[\mu] \subset \overline{A \cup (\overset{\infty}{\underset{n=1}{\cup}} [\tau_n])}^{\beta X}$ et

$$\overline{A \cup (\overset{\infty}{\underset{n=1}{\cup}} [\tau_n])}^{\beta X} \setminus \overline{A}^{\beta X} \subset \overline{\overset{\infty}{\underset{n=1}{\cup}} [\tau_n]}^{\beta X}.$$

D'où la conclusion. □

<u>Espaces évaluable</u>, d<u>-évaluable et</u> σ-<u>évaluable</u>
<u>associés à</u> $[C^b(X),Q]$

PROPOSITION III.3.26. <u>Si</u> P <u>est un système de semi-normes sur</u> $\mathscr{C}(X)$ <u>tel que</u> $[C(X),P]$ <u>soit un espace complexe modulaire pour l'ordre naturel de</u> $\mathscr{C}(X)$, <u>alors</u> P <u>est plus faible que le système de semi-normes de</u> $C_c(\upsilon X)$.

<u>Preuve</u>. Par le théorème III.2.4, nous savons que l'espace $C_c(\upsilon X)$ est ultrabornologique et qu'il est même la limite inductive des espaces de Banach $\mathscr{C}(X)_{\Delta(f)}$ lorsque f parcourt $\mathscr{C}(X)$. De plus, vu la partie e) de la définition I.7.5 des espaces complexes modulaires, nous voyons que les semi-boules de l'espace $[C(X),P]$ absorbent $\Delta(f)$ quel que soit $f \in \mathscr{C}(X)$. D'où la conclusion, vu la constitution des semi-boules d'une limite inductive. □

PROPOSITION III.3.27. <u>Si</u> P <u>est un système de semi-normes sur</u> $\mathscr{C}(X)$ <u>tel que</u> $[C(X),P]$ <u>soit un espace complexe modulaire pour l'ordre naturel de</u> $\mathscr{C}(X)$, <u>alors, pour tout borné</u> B <u>de</u> $[C(X),P]$, <u>il existe un borné</u> B' <u>de</u> $[C^b(X),P]$ <u>dont l'adhérence dans</u> $C_c(\upsilon X)$, <u>donc dans</u> $[C(X),P]$, <u>contient</u> B.

Preuve. La partie e) de la définition I.7.5 des espaces complexes modulaires montre que l'ensemble

$$B' = \{\theta_n \circ f : f \in B, n \in \mathbb{N}\}$$

est borné dans $[C^b(X),P]$ car on a $|\theta_n \circ f| \leq |f|$ pour tout $f \in [C(X),P]$ et tout $n \in \mathbb{N}$. En outre, on voit aisément que, pour tout $f \in \mathscr{C}(X)$, la suite $\theta_n \circ f$ converge vers f dans $C_c(\upsilon X)$ et, a fortiori, dans $[C(X),P]$ vu la proposition précédente. D'où la conclusion. □

THEOREME III.3.28. Si P est un système de semi-normes sur $\mathscr{C}(X)$ tel que $[C(X),P]$ soit un espace complexe modulaire pour l'ordre naturel de $\mathscr{C}(X)$, alors l'espace

a) $[C(X),P]$ est évaluable (resp. d-évaluable ; σ-évaluable) si et seulement si $[C^b(X),P]$ l'est.

b) $[C(X),P']$ est l'espace évaluable (resp. d-évaluable : σ-évaluable) associé à $[C(X),P]$ si et seulement si $[C^b(X),P']$ est l'espace évaluable (resp. d-évaluable; σ-évaluable) associé à $[C^b(X),P']$.

Preuve. Comme l'espace $C_c(\upsilon X)$ est ultrabornologique, c'est une conséquence immédiate du théorème I.7.4 et des propositions III.3.26 et III.3.27. □

THEOREME III.3.29. Si $[C^b(X),P]$ a un système de semi-normes plus fort que celui de $[C^b(X),\alpha(Y)]$ où Y est une partie dense de βX, et a les mêmes bornés que $C^b(X)$, $C^b(X)$ est l'espace évaluable associé à $[C^b(X),P]$.

Preuve. D'une part, tout voisinage de 0 dans $[C^b(X),P]$ absorbe tout borné de $C^b(X)$, donc contient un multiple de la boule unité de $C^b(X)$.

D'autre part, la boule unité fermée de $C^b(X)$ est un tonneau de $[C^b(X),\alpha(Y)]$, donc de $[C^b(X),P]$, bornivore dans $C^b(X)$.

D'où la conclusion car $C^b(X)$ est un espace de Banach. □

REMARQUE III.3.30. Soit Y une partie dense de βX. Pour toute fonction φ sur βX telle que, pour tout $\varepsilon > 0$, il existe une partie finie M_ε de Y telle que $|\varphi|$ soit majoré par ε sur $\beta X \setminus M_\varepsilon$, $p_\varphi(.)$défini sur $\mathscr{C}^b(X)$ par

$$p_\varphi(f) = \sup_{x \in \beta X} |\varphi(x)f(x)|, \forall f \in \mathscr{C}^b(X),$$

est visiblement une semi-norme et l'ensemble de ces semi-normes constitue même un système $P_{d,Y}$ de semi-normes sur $\mathscr{C}^b(X)$. D'ailleurs, en prenant Y = X, on retrouve le système de semi-normes strict faible étudié dans [48]. On établit aisément, en procédant comme dans [48], que $P_{d,Y}$ est plus fort que le système de semi-normes de $[C^b(X), \mathscr{A}(Y)]$ et que $[C^b(X), P_{d,Y}]$ a les mêmes bornés que $C^b(X)$. Le théorème précédent s'applique donc à tout système de semi-normes P pour lequel il existe une partie dense Y de βX telle que $P_{d,Y} \leq P \leq \|.\|_X$ sur $\mathscr{C}^b(X)$.

III.4. <u>Espaces bornologiques associés</u>

a) <u>Cas des espaces</u> $[C(X), \mathscr{P}]$ [6], [7], [46]

Bien que le théorème III.2.4 affirme que $C_c(X)$ est ultrabornologique si et seulement s'il est bornologique, la structure de l'espace bornologique associé à $[C(X), \mathscr{P}]$ n'a guère de rapport avec celle de l'espace ultrabornologique associé, même si $\mathscr{P}$ égale $\mathscr{K}(X)$.

PROPOSITION III.4.1. <u>Tout tonneau</u> θ <u>de</u> $C_c(\upsilon X)$, <u>qui est bornivore dans</u> $[C(X), \mathscr{P}]$, <u>est un voisinage de</u> 0 <u>dans</u> $[C(X), \tilde{\mathscr{P}}^\upsilon]$.

<u>Preuve</u>. Quitte à considérer un multiple de θ, nous pouvons supposer que θ contienne Δ, vu la proposition III.3.7. Dès lors, vu la partie b) du théorème III.3.9, θ contient $b_{\Sigma(\theta)}$, où $\Sigma(\theta)$ désigne le $\mathscr{K}(\upsilon X)$-socle de θ. Pour conclure, il suffit alors de prouver que $\Sigma(\theta)$ appartient à $\tilde{\mathscr{P}}^\upsilon$.

Si ce n'est pas le cas, vu le lemme II.11.1, il existe une suite G_n d'ouverts de υX, $\mathscr{P}$-finie et telle que $G_n \cap \Sigma(\theta) \neq \emptyset$ pour tout $n \in \mathbb{N}$. De là, il existe des suites $f_n \in \mathscr{C}^b(X)$ et $\tau_n \in \theta^\Delta$, θ^Δ désignant le polaire de θ dans le dual de $C_c(\upsilon X)$, telle que $[f_n] \subset G_n$ et $\tau_n(f_n) = n$ pour tout $n \in \mathbb{N}$. De là, la suite f_n est bornée dans $[C(X), \mathscr{P}]$ et n'est pas absorbée par θ. D'où une contradiction. □

THEOREME III.4.2. <u>L'espace</u> $[C(X),\tilde{\mathcal{P}}^{\upsilon}]$ <u>est l'espace bornologique associé à</u> $[C(X),\mathcal{P}]$.

<u>Preuve</u>. D'une part, $E = [C(X),\tilde{\mathcal{P}}^{\upsilon}]$ est bornologique. De fait, il est évaluable vu la partie a) du théorème III.3.13 et toute fonctionnelle linéaire $\mathcal{T}$ bornée sur les bornés de E est assurément bornée sur les bornés de $C_c(\upsilon X)$, donc est continue sur cet espace car $C_c(\upsilon X)$ est ultrabornologique. De là, l'antipolaire $\mathcal{T}^{\nabla}$ de $\mathcal{T}$ dans $C_c(\upsilon X)$ est un tonneau de $C_c(\upsilon X)$, bornivore dans E, donc est un voisinage de 0 dans E, vu la proposition précédente et $\mathcal{T}$ est continu sur E.

D'autre part, les espaces $C_{\mathcal{P}}(X)$ et E ont les mêmes bornés.

D'où la conclusion. □

COROLLAIRE III.4.3. <u>Si</u> Y <u>est un sous-espace dense de</u> υX, <u>alors l'espace bornologique associé à</u> $[C(X),\mathcal{a}(Y)]$ <u>est l'espace</u> $[C(X),\mathcal{a}(Y')]$ <u>où</u> Y' <u>est l'ensemble des éléments de</u> υX <u>où toute suite bornée de</u> $[C(X),\mathcal{a}(Y)]$ <u>est bornée</u>.

<u>En particulier, l'espace bornologique associé à</u> $C_s(X)$ <u>est l'espace</u> $C_s(\upsilon X)$ <u>et</u> $C_s(X)$ <u>est bornologique si et seulement si</u> X <u>est replet</u>.

<u>Preuve</u>. Il suffit bien sûr d'établir que si tout borné de $[C(X),\mathcal{a}(Y)]$ est uniformément borné sur $B \subset \upsilon X$, alors B est fini

Or si $B \subset \upsilon X$ n'est pas fini, le lemme II.11.6 procure une suite x_n d'éléments de B et une suite de fonctions $f_n \in \mathscr{C}(X)$ à supports deux à deux disjoints telles que

$$0 \leqslant f_n \leqslant n \text{ et } f_n(x_n) = n, \forall n.$$

Mais alors, la suite f_n est bornée dans $[C(X),\mathcal{a}(Y)]$ et n'est pas uniformément bornée sur B. D'où la conclusion.

Le cas particulier résulte aussitôt du corollaire II.2.4. □

b) <u>Cas des espaces</u> $[C^b(X),P]$ [43]

THEOREME III.4.4. <u>Si</u> P <u>est un système de semi-normes sur</u> $\mathscr{C}(X)$ <u>tel que</u> $[C(X),P]$ <u>soit un espace complexe modulaire pour l'ordre naturel de</u> $\mathscr{C}(X)$, <u>alors l'espace</u>

a) $[C(X),P]$ <u>est bornologique si et seulement si</u> $[C^b(X),P]$ <u>l'est</u>

b) $[C(X),P']$ <u>est l'espace bornologique associé à</u> $[C(X),P]$ <u>si et seulement si</u> $[C^b(X),P']$ <u>est l'espace bornologique associé à</u> $[C^b(X),P]$.

Preuve. Vu la proposition III.3.26, on sait que P est plus faible que le système de semi-normes de $C_c(\upsilon X)$. De plus, $C_c(\upsilon X)$ est ultrabornologique. Enfin, il est immédiat que, pour tout $f \in \mathscr{C}(X)$, l'adhérence dans $C_c(\upsilon X)$ de $\{g \in \mathscr{C}^b(X) : |g| \leq |f|\}$ contient f. La proposition I.7.8 permet alors de conclure. □

THEOREME III.4.5. Si $[C^b(X),P]$ a les mêmes bornés que $C^b(X)$, $C^b(X)$ est l'espace bornologique associé à $[C^b(X),P]$.

Preuve. Comme $C^b(X)$ est un espace de Banach, c'est une conséquence immédiate du corollaire I.2.2. □

REMARQUE III.4.6. On peut formuler ici les mêmes propos qu'à la remarque III.3.30.

III.5. Applications à l'espace $C_s(X)$ [7]

a) La comparaison des propriétés voisines "$C_s(X)$ est ultrabornologique" et "$C_s(X)$ a une bornologie canonique complétante" mène aux considérations suivantes, qui donnent un exemple intéressant d'espace linéaire à semi-normes.

Rappelons tout d'abord le résultat classique suivant, dont l'intérêt principal ici réside dans sa comparaison avec le théorème III.5.2.

THEOREME III.5.1. Les assertions suivantes sont équivalentes :

a) l'espace X est discret.

b) l'espace $C_s(X)$ est complet.

c) l'espace $C_s(X)$ est quasi-complet. □

Venons-en à la caractérisation de la sq-complétion de $C_s(X)$.

THEOREME III.5.2. Les assertions suivantes sont équivalentes :

a) l'espace X est un P-espace.

b) toute suite de $\mathscr{C}(X)$ est équicontinue.

c) l'espace $C_s(X)$ est sq-complet.

d) la bornologie canonique de l'espace $C_s(X)$ est complétante.

<u>Preuve</u>. (a) $\Rightarrow$ (b). C'est immédiat car si X est un P-espace, pour toute suite $f_n \in \mathscr{C}(X)$, tout $x_o \in X$ et tout $\varepsilon > 0$, l'ensemble

$$\bigcap_{n=1}^{\infty} \{x \in X : |f_n(x) - f_n(x_o)| \leqslant \varepsilon\}$$

est un ouvert de X, contenant x_o.

(b) $\Rightarrow$ (c). De fait, toute suite f_n de Cauchy dans $C_s(X)$ converge dans $\mathbb{C}^X$ vers une fonction f définie sur X; mais, la suite f_n étant équicontinue sur X, la fonction f est nécessairement continue sur X.

(c) $\Rightarrow$ (d). C'est bien connu.

(d) $\Rightarrow$ (a). Il suffit de prouver que tout conoyau(1) de X est également un noyau(1) de X car alors tout noyau de X est ouvert et X est un P-espace. Soit donc U un conoyau de X; on sait qu'alors il existe $f \in \mathscr{C}(X)$ tel que $0 \leq f \leq 1$ et $U = \{x \in X : f(x) > 0\}$.

Soit φ_o la fonction numérique continue sur $\mathbb{R}$ et linéaire par morceaux telle que $\varphi_o(1) = 1$ et $\varphi_o(x) = 0$ pour tout $x \in]-\infty,1/2[\cup]2,+\infty[$. Pour tout n, définissons alors la fonction φ_n sur $\mathbb{R}$ par

$$\varphi_n(x) = \varphi(2^n x), \forall x \in \mathbb{R}.$$

On voit aisément que, pour tout n, la fonction $\varphi_n + \varphi_{n+1}$ prend la valeur 1 en tout point de l'intervalle $[2^{-n-1}, 2^{-n}]$, ce qui permet de voir que la fonction $\varphi = \sum_{n=o}^{\infty} \varphi_n$ prend la valeur 1 en tout point de l'intervalle $]0,1]$ et s'annule en 0.

Cela étant, pour tout $n \geq 0$, posons $g_n = \varphi_n \circ f$ et considérons un point x de X. Si f(x) vaut 0, on a $g_n(x) = 0$ pour tout $n \geq 0$. Si f(x) appartient à $]0,1]$, il existe m tel que f(x) majore 2^{-m} et ainsi $g_n(x)$ est nul pour tout $n \geq m + 1$. Il s'ensuit que la suite $2^n g_n$ est bornée dans $C_s(X)$, donc

---

(1) Un <u>noyau de</u> X est une partie Z de X pour laquelle il existe $f \in \mathscr{C}(X)$ tel que $Z = \{x \in X : f(x)=0\}$. Un <u>conoyau de</u> X est une partie U de X telle que $X \setminus U$ soit un noyau de X.

qu'elle est incluse dans un ensemble B absolument convexe, borné et complétant de $C_s(X)$. De là, la série $\sum_{n=o}^{\infty} 2^{-n}(2^n g_n)$ converge dans l'espace de Banach $[C_s(X)]_B$. En particulier, comme la norme de cet espace est plus forte que le système de semi-normes induit par $C_s(X)$ dans >B<, la série $\sum_{n=o}^{\infty} 2^n(2^{-n}g_n)$ converge dans $C_s(X)$ et sa limite ponctuelle, c'est-à-dire la fonction $\varphi \circ f$, est continue sur X.

Pour conclure, il suffit alors de noter que, si f(x) est nul, alors $(\varphi \circ f)(x)$ est nul également et que, si f(x) appartient à]0,1], alors $(\varphi \circ f)(x)$ vaut 1, si bien que le conoyau U coincide avec le noyau $Z = \{x \in X : (\varphi \circ f)(x) = 1\}$.□

EXEMPLE III.5.3. <u>Il existe un espace complètement régulier et séparé</u> X, <u>tel que l'espace</u> $C_s(X)$ <u>soit ultrabornologique et non sq-complet, et même dont la bornologie canonique n'est pas complétante</u>. L'espace complètement régulier et séparé X obtenu à l'exemple II.12.1 convient. De fait, cet espace X est replet et toute partie bornante de X est finie; il s'ensuit que $C_s(X)$ est ultrabornologique vu le théorème III.2.3. Mais cet espace X n'est pas un P-espace et la bornologie canonique de $C_s(X)$ n'est donc pas complétante, vu le théorème précédent.

REMARQUE III.5.4. On sait que, dans un P-espace, toute partie dénombrable est discrète, fermée et $\mathscr{C}$-plongée.

Inversement, soit X un espace complètement régulier et séparé dans lequel toute partie dénombrable et discrète est $\mathscr{C}$-plongée. D'une part, toute partie dénombrable et discrète $A = \{x_n : n \in \mathbb{N}\}$ de X est fermée car la fonction f définie sur A par $f(x_n) = n$ quel que soit n est continue sur A et admet donc un prolongement continu à X, ce qui montre que A est une réunion localement finie de points. D'autre part, toute partie bornante de X est finie : de fait, si $B \subset X$ n'est pas fini, vu le lemme II.11.6, B contient une partie dénombrable et discrète donc $\mathscr{C}$- plongée, et par conséquent ne peut être une partie bornante de X.

L'exemple II.12.1 établit donc en outre que l'hypothèse "toute partie dénombrable et discrète de X est $\mathscr{C}$-plongée dans X" est intermédiaire entre les propriétés "$C_s(X)$ est sq-complet" et "$C_s(X)$ est tonnelé".

b) Déterminons à présent quelques conditions assurant que l'espace $C_s(X)$ est tonnelé.

THEOREME III.5.5. <u>Les assertions suivantes sont équivalentes</u> :

(a) <u>toute partie bornante de</u> X <u>est finie</u>.

(b) <u>l'espace</u> $C_s(X)$ <u>est tonnelé</u>, d-<u>tonnelé ou</u> σ-<u>tonnelé</u>.

$(c)_{\mathcal{F}}$ <u>si</u> $\mathcal{F}$ <u>est un recouvrement relativement compact et absolument convexe de</u> $[C_s(X)]_a$, <u>qui contient les unions finies de ses éléments, alors</u> $[C_s(X)]^*_{\mathcal{F}}$ <u>est quasi-complet ou sq-complet</u>.

(d) <u>la bornologie de</u> $[C_s(X)]^*_s$ <u>est complétante</u>.

(e) <u>tout ensemble relativement compact de</u> $[C_s(X)]^*_s$ <u>est borné dans</u> $[C_s(X)]^*_b$.

(f) <u>toute suite convergente vers</u> 0 <u>dans</u> $[C_s(X)]^*_s$ <u>est bornée dans</u> $[C_s(X)]^*_b$.

(g) <u>toute suite convergente vers</u> 0 <u>dans</u> $[C_s(X)]^*_s$ <u>converge dans</u> $[C_s(X)]^*_b$.

(h) <u>toute suite convergente vers</u> 0 <u>dans</u> $C_s(X)$ <u>converge vers</u> 0 <u>dans</u> $C_b(X)$.

<u>Preuve</u>. Vu le corollaire III.3.14, l'espace $C_s(X)$ est toujours évaluable. Dès lors, la proposition P.3.4 donne déjà l'équivalence des assertions (b) à (f) et la partie a) du théorème III.3.13 assure que (a) est équivalent à (b).

Pour conclure, il suffit alors d'établir les implications suivantes :

(b) $\Rightarrow$ (g). De fait, si $C_s(X)$ est tonnelé, toute suite convergente vers 0 dans $[C_s(X)]^*_s$ est équicontinue, donc converge vers 0 uniformément sur tout précompact de $C_s(X)$. Or $C_s(X)$ est un espace faible et dès lors, tout borné de $C_s(X)$ est précompact.

(g) $\Rightarrow$ (f). C'est trivial.

(a) $\Rightarrow$ (h). C'est trivial.

(h) $\Rightarrow$ (a). Soit B une partie non finie de X. Vu la remarque II.11.8, il existe alors une suite $x_n \in B$ et une suite $f_n \in \mathscr{C}(X)$ telles que $f_n(x_n)$ soit égal à n quel que soit n et que les supports $[f_n]$ soient deux à deux disjoints. Mais alors, f_n converge vers 0 dans $C_s(X)$ et ne converge pas uniformément sur B vers 0. D'où la conclusion. □

CHAPITRE IV

CONDITIONS DE SEPARABILITE

ET DE COMPACITE FAIBLE

On établit des critères de séparabilité et de séparabilité par semi-norme des espaces $[C(X),\mathcal{P}]$ et $[C^b(X),\mathcal{Q}]$; on caractérise également les parties (relativement) compactes, (relativement) séquentiellement compactes et (relativement) dénombrablement compactes des espaces $C_s(X)$ et $[C(X),\mathcal{P}]_a$.

IV.1. Séparabilité par semi-norme [22], [45]

Rappelons le résultat suivant.

THEOREME IV.1.1. L'espace $C^b(X)$ est séparable si et seulement si X est compact et métrisable. □

Ce théorème constitue la base de toute la recherche des conditions de séparabilité et de séparabilité par semi-norme des espaces de fonctions continues. La nécessité de la condition est due à E. Čech [9], sa suffisance à M. Krein et S. Krein [32] ainsi qu'à S. Kakutani [29].

Le théorème IV.1.2 suivant s'en déduit : il caractérise les parties bornantes B de υX et les parties A de βX telles que $\mathscr{C}(X)$ soit séparable pour la semi-norme $\|\cdot\|_B$ et $\mathscr{C}^b(X)$ pour $\|\cdot\|_A$. Les critères pour que $[C(X),\mathcal{P}]$ et $[C^b(X),\mathcal{Q}]$ soient séparables par semi-normes s'en déduisent trivialement.

THEOREME IV.1.2.

a) Si B est une partie bornante de υX, l'espace $\mathscr{C}(X)$ est séparable pour la semi-norme $\|\cdot\|_B$ si et seulement si $\overline{B}^{\upsilon X}$ est un sous-espace métrisable de υX.

b) Si A est une partie de βX, l'espace $\mathscr{C}^b(X)$ est séparable pour la semi-norme $\|\cdot\|_A$ si et seulement si $\overline{A}^{\beta X}$ est un sous-espace métrisable de βX.

<u>Preuve</u>. a) Si B est une partie bornante de υX, par le théorème II.5.2, nous savons que $\bar{B}^{\upsilon X}$ est une partie compacte de υX. Dès lors, par la partie a) du théorème II.1.4, l'ensemble des restrictions à $\bar{B}^{\upsilon X}$ des éléments de $\mathscr{C}(X)$ coïncide avec $\mathscr{C}^b(\bar{B}^{\upsilon X})$. On voit alors aisément que l'espace $\mathscr{C}(X)$ est séparable pour la semi-norme $\|\cdot\|_B = \|\cdot\|_{\bar{B}^{\upsilon X}}$ si et seulement si l'espace $C^b(\bar{B}^{\upsilon X})$ est séparable. D'où la conclusion par le théorème précédent.

b) La démonstration est analogue à celle de a). □

Cependant, ainsi que nous l'avons déjà signalé dans la remarque III.3.30, on introduit également sur l'espace $\mathscr{C}^b(X)$ d'autres semi-normes que les semi-normes du type $\|\cdot\|_A$, $(A \subset \beta X)$, à savoir les semi-normes p_φ.

DEFINITION IV.1.3. Si Y est une partie dense de βX et si φ est une fonction bornée sur Y, p_φ est la loi définie sur $\mathscr{C}^b(X)$ par

$$p_\varphi(f) = \sup_{y \in Y} |\varphi(y) f(y)| , \forall f \in \mathscr{C}^b(X).$$

On voit aisément que p_φ est une semi-norme sur $\mathscr{C}^b(X)$ et que, si on prolonge φ à βX au moyen de la fonction $\tilde{\varphi}$ définie par

$$\tilde{\varphi}(x) = \begin{cases} \varphi(x) & \text{si } x \in Y \\ 0 & \text{si } x \in \beta X \setminus Y, \end{cases}$$

on a $p_\varphi = p_{\tilde{\varphi}}$, c'est-à-dire qu'on peut toujours supposer que φ est défini sur βX, mais ce n'est pas ce prolongement $\tilde{\varphi}$ de φ à βX qui est intéressant.

NOTATIONS IV.1.4. Soit φ une fonction bornée sur une partie dense Y de βX.

A φ, nous associons la fonction φ' définie sur βX par

$$\varphi'(x) = \lim_{V \in \mathscr{V}(x)} \sup_{y \in V \cap Y} |\varphi(y)| , \forall x \in \beta X,$$

où $\mathscr{V}(x)$ désigne la famille des voisinages de x. Bien sûr, φ' est alors une fonction bornée sur βX et φ' majore φ sur Y. Cependant les semi-normes p_φ et $p_{\varphi'}$ sont égales sur $\mathscr{C}^b(X)$ car, si f appartient à $\mathscr{C}^b(X)$, il existe une suite $x_n \in \beta X$ telle que la suite $|\varphi'(x_n)\ f(x_n)|$ converge vers $p_{\varphi'}(f)$ et on voit aisément que $p_\varphi(f)$ majore $|\varphi'(x_n)\ f(x_n)|$ quel que soit n.

Pour tout $\varepsilon > 0$, on pose

$$A(Y,\varphi,\varepsilon) = \{y \in Y : |\varphi(y)| \geq \varepsilon\}.$$

Prouvons qu'on a alors l'égalité

$$A(\beta X,\varphi',\varepsilon) = \bigcap_{n=1}^{\infty} \overline{A(Y,\varphi,\varepsilon-\frac{1}{n})}^{\beta X}, \forall \varepsilon > 0,$$

ce qui montre, en particulier, que $A(\beta X,\varphi',\varepsilon)$ est compact pour tout $\varepsilon > 0$. De fait, d'une part, si $x \in \beta X$ est tel que $\varphi'(x) \geq \varepsilon$, vu la définition de φ', tout voisinage de x dans βX rencontre $A(Y,\varphi,\varepsilon-1/n)$ quel que soit n et, d'autre part, si x appartient à $\overline{A(Y,\varphi,\varepsilon-1/n)}^{\beta X}$, on a évidemment $\varphi'(x) \geq \varepsilon - 1/n$.

Le résultat suivant donne une réponse complète au problème de la caractérisation de la séparabilité de l'espace $\mathscr{C}^b(X)$ pour une semi-norme du type p_φ, au moyen de la considération des ensembles $A(\beta X,\varphi',\varepsilon)$, $(\varepsilon > 0)$.

THEOREME IV.1.5. Si φ est une fonction bornée sur une partie dense de βX, alors l'espace $\mathscr{C}^b(X)$ est séparable pour la semi-norme p_φ si et seulement si, pour tout $\varepsilon > 0$, l'ensemble $A(\beta X,\varphi',\varepsilon)$ est métrisable.

Preuve. La condition est nécessaire. Supposons $\mathscr{C}^b(X)$ séparable pour p_φ et soit $\varepsilon > 0$ un nombre fixé. Par hypothèse, la boule b de l'espace $C^b(X)$ contient un ensemble dénombrable D dense pour $p_{\varphi'}$ dans b. Pour conclure au moyen du théorème IV.1.1, il suffit alors de prouver que l'ensemble D' des restrictions à $A(\beta X,\varphi',\varepsilon)$ des éléments de D est dense dans la boule unité b' de $C^b[A(\beta X,\varphi',\varepsilon)]$. Soit f un élément de b' : c'est alors la restriction au compact $A(\beta X,\varphi',\varepsilon)$ d'un élément $\tilde{f}$ de b, vu le théorème II.1.4. De là, pour tout $\eta > 0$, il existe $\tilde{g} \in D$ tel que $p_{\varphi'}(\tilde{f}-\tilde{g}) \leq \varepsilon\eta$, d'où on déduit que la restriction g de $\tilde{g}$ à

$A(\beta X,\varphi',\varepsilon)$ vérifie les inégalités

$$\|f-g\|_{C^b[A(\beta X,\varphi',\varepsilon)]} = \|\tilde{f}-\tilde{g}\|_{A(\beta X,\varphi',\varepsilon)}$$

$$\leqslant \frac{1}{\varepsilon} \sup_{x\in A(\beta X,\varphi',\varepsilon)} |\varphi'(x)[f(x)-g(x)]|$$

$$\leqslant \eta .$$

D'où la conclusion.

La condition est suffisante. Supposons que, pour tout $\varepsilon > 0$, le compact $A(\beta X,\varphi',\varepsilon)$ soit métrisable. Alors, pour tout $\varepsilon > 0$, la boule unité b_ε de l'espace $C^b[A(\beta X,\varphi',\varepsilon)]$ contient une partie dénombrable dense D_ε. Dès lors, il existe des parties dénombrables D'_ε de la boule unité b de $C^b(X)$ telles que l'ensemble des restrictions à $A(\beta X,\varphi',\varepsilon)$ des éléments de D'_ε coïncide avec D_ε. Pour conclure, il suffit alors de prouver que $\bigcup_{n=1}^{\infty} D'_{1/n}$ est dense dans b pour la semi-norme p_φ. Soit f un élément de b et fixons $\varepsilon > 0$. Il existe bien sûr un nombre entier n tel que $\varepsilon > 2/n$ et un élément $g \in D'_{1/n}$ tels que

$$\|f-g\|_{A(\beta X,\varphi',\frac{1}{n})} \leqslant \frac{\varepsilon}{\sup_{x\in\beta X} \varphi'(x)+1} .$$

Les inégalités suivantes permettent alors de terminer la démonstration

$$p_{\varphi'}(f-g)$$

$$\leqslant \sup\left\{ \sup_{x\in A(\beta X,\varphi',\frac{1}{n})} |\varphi'(x)[f(x)-g(x)]|, \sup_{x\in\beta X\setminus A(\beta X,\varphi',\frac{1}{n})} |\varphi'(x)[f(x)-g(x)]| \right\}$$

$$\leqslant \sup\left\{ \sup_{x\in\beta X} \varphi'(x).\frac{\varepsilon}{\sup_{x\in\beta X}\varphi'(x)+1}, \frac{1}{n}(\|f\|_{\beta X} + \|g\|_{\beta X})\right\}$$

$$\leqslant \sup(\varepsilon,\tfrac{2}{n}) = \varepsilon. \;\square$$

Cependant la caractérisation précédente fait explicitement appel à βX, ce qui présente de nombreuses difficultés dans les cas usuels; ce qui suit pallie en grande partie ce handicap.

Bien sûr le théorème précédent contient le résultat suivant.

COROLLAIRE IV.1.6. Si φ est une fonction bornée sur une partie dense Y de βX telle que $\overline{A(Y,\varphi,\varepsilon)}^{Y}$ soit compact et métrisable pour tout $\varepsilon > 0$, alors l'espace $\mathscr{C}^{b}(X)$ est séparable pour la semi-norme p_{φ}. □

Notre but est donc de déterminer des conditions sur X qui permettent d'ériger ce corollaire en critère.

Voici tout d'abord un résultat analogue à un lemme de S. Warner [58].

LEMME IV.1.7. Si une partie dénombrable D de $\mathscr{C}^{b}(X)$ [resp. $\mathscr{C}(X)$] sépare les points d'une partie A de βX (resp. υX), il existe sur A une distance d moins fine que la topologie induite par X et telle que (A,d) soit séparable.

Si D est égal à $\{f_n : n \in \mathbb{N}\}$, on peut définir d par

$$d(x,y) = \sum_{n=1}^{\infty} 2^{-n} \frac{|f_n(x)-f_n(y)|}{1+|f_n(x)-f_n(y)|}, \forall x, y \in A.$$

Preuve. On peut procéder comme dans [58] ou vérifier directement que la distance proposée convient. □

LEMME IV.1.8. Si φ est une fonction bornée sur X et si l'espace $\mathscr{C}^{b}(X)$ est séparable pour la semi-norme p_{φ}, alors, pour tout $\varepsilon > 0$, $\overline{A(X,\varphi,\varepsilon)}^{X}$ est une partie métrisable et bornante de X.

Preuve. Fixons $\varepsilon > 0$ et, pour la commodité des écritures, désignons $\overline{A(X,\varphi,\varepsilon)}^{X}$ par A.

Prouvons par l'absurde que A est une partie bornante de X. Si A n'est pas une partie bornante de X, vu le théorème II.11.9, il existe une suite $x_n \in A$ et une suite $f_n \in \mathscr{C}^{b}(X)$ telles que la famille des ensembles $[f_n]$ soit localement finie dans X, qu'on ait

$$0 \leq f_n \leq \frac{1}{\varepsilon} \quad \text{et} \quad |f_n(x_n)| = \frac{1}{\varepsilon}, \forall n,$$

et que, pour toute suite bornée $c_n \in \mathbb{C}$, la série $\sum_{n=1}^{\infty} c_n f_n$ représente une fonction continue et bornée sur X. Mais alors, l'ensemble

$$B = \left\{ \sum_{n=1}^{\infty} c_n f_n : c_n = 0 \text{ ou } 1, \forall n \right\}$$

est une partie non dénombrable de $\mathscr{C}^b(X)$, telle que

$$p_\varphi(g-g') = 1, \forall g, g' \in B, g \neq g'.$$

D'où une contradiction.

Prouvons à présent que A est métrisable. Soit $D = \{f_n : n \in \mathbb{N}\}$ une partie dénombrable de $\mathscr{C}^b(X)$, dense pour p_φ dans $\mathscr{C}^b(X)$. Prouvons que D sépare les points de A. De fait, si x et y sont deux points distincts de A, il existe $f \in \mathscr{C}^b(X)$ qui s'annule sur un voisinage V de x et qui vaut 1 sur un voisinage V' de y, puis $f_n \in D$ tel que $p_\varphi(f-f_n) \leq \varepsilon/3$, donc tel que $f_n(x)$ diffère de $f_n(y)$. Vu le lemme précédent, la loi d définie sur A × A par

$$d(x,y) = \sum_{n=1}^{\infty} 2^{-n} \frac{|f_n(x)-f_n(y)|}{1+|f_n(x)-f_n(y)|}, \forall x, y \in A,$$

est alors une distance sur A, moins fine que la topologie induite par X. Pour conclure, prouvons que cette distance d est également plus fine sur A que la topologie induite par X. Soient x_o un élément de A et V un voisinage de x_o dans A pour la topologie induite par X. Comme X est complètement régulier et séparé, il existe alors $f \in \mathscr{C}^b(X)$ et $r > 0$ tels que

$$V \supset \{x \in A : |f(x) - f(x_o)| < r\}.$$

Il existe ensuite $f_n \in D$ tel que

$$\|f - f_n\|_A \leq \frac{1}{\varepsilon} p_\varphi(f - f_n) < \frac{r}{3}.$$

Dès lors, il vient

$$V \supset \left\{x \in A : |f_n(x) - f_n(x_o)| < \frac{r}{3}\right\}$$

et même

$$V \supset \left\{x \in A : d(x,x_o) < 2^{-n} \frac{r}{3+r}\right\}$$

si on note que

$$x,\ y \in A \quad \text{et} \quad d(x,y) < 2^{-n}\ \frac{r}{3+r} \Rightarrow |f_n(x) - f_n(x_o)| < \frac{r}{3}.$$

D'où la conclusion. □

DEFINITION IV.1.9. L'espace complètement régulier et séparé X *vérifie la condition* (C) si toute fonction continue et bornée sur une partie fermée, métrisable et bornante de X admet un prolongement continu à X.

EXEMPLES IV.1.10. La famille des espaces complètement réguliers et séparés qui vérifient la condition (C) contient évidemment :

(a) tout μ-espace et, en particulier, tout espace paracompact et tout espace replet.

(b) tout espace normal et séparé.

Cependant cette famille ne coïncide pas avec celle des espaces complètement réguliers et séparés. De fait, le plan de Tychonov P est pseudo-compact et contient une partie fermée et discrète où les fonctions continues sur P sont soumises à une condition.

THEOREME IV.1.11. *Si* X *est un espace complètement régulier et séparé qui vérifie la condition* (C), *si* φ *est une fonction bornée sur* X *et si l'espace* $\mathscr{C}^b(X)$ *est séparable pour la semi-norme* p_φ, *alors, pour tout* $\varepsilon > 0$, *l'ensemble* $\overline{A(X,\varphi,\varepsilon)}^X$ *est compact et métrisable*.

Preuve. Fixons $\varepsilon > 0$ et posons $A = \overline{A(X,\varphi,\varepsilon)}^X$.

Vu le lemme précédent, nous savons que A est une partie fermée, bornante et métrisable de X.

Pour conclure au moyen du théorème IV.1.1, il suffit d'établir que l'espace $C^b(A)$ est séparable. Pour obtenir ce résultat, il suffit de procéder comme dans la preuve de la nécessité de la condition du théorème IV.1.5. □

COROLLAIRE IV.1.12. *Si* X *est un espace complètement régulier et séparé qui vérifie la condition* (C), *l'espace* $[C^b(X),\mathcal{Q}]$ *est séparable par semi-norme si et seulement si, pour tout*

$A \in \mathcal{Q}, \bar{A}^X$ <u>est compact et métrisable.</u> □

Voici un cas spécial où la séparabilité par semi-norme s'exprime de façon particulièrement élégante.

DEFINITION IV.1.13. Si Y est une partie dense de βX, nous désignons par $\mathcal{D}(Y)$ [resp. $\mathcal{K}_\sigma(Y)$] la famille $\mathcal{Q}$ engendrée par celle des parties dénombrables [resp. σ-compactes] de Y. On obtient ainsi les espaces linéaires à semi-normes

$$[C^b(X), \mathcal{D}(Y)] \quad \text{et} \quad [C^b(X), \mathcal{K}_\sigma(Y)],$$

qu'on note respectivement

$$C^b_d(X) \quad \text{et} \quad C^b_\sigma(X)$$

lorsqu'on a $Y = X$.

Bien sûr, l'espace $[C^b(X), \mathcal{K}_\sigma(Y)]$ a un système de semi-normes plus fort que celui de $[C^b(X), \mathcal{D}(Y)]$ et les espaces $[C^b(X), \mathcal{K}_\sigma(Y)]$ et $[C^b(X), \mathcal{D}(Y)]$ ont des systèmes de semi-normes équivalents si et seulement si toute partie σ-compacte de Y est d'adhérence séparable dans Y.

LEMME IV.1.14. <u>Si</u> Y <u>est une partie dense de</u> βX <u>et si l'espace</u> $[C^b(X), \mathcal{D}(Y)]$ <u>est séparable par semi-norme, alors l'espace</u> $X \cup Y$ <u>est pseudocompact</u>.

<u>Preuve</u>. Si $X \cup Y$ n'est pas pseudocompact, on sait qu'il existe une suite G_n localement finie de parties ouvertes et non vides de $X \cup Y$, dont les adhérences dans $X \cup Y$ sont deux à deux disjointes. Pour tout n, soit x_n un élément de $G_n \cap Y$ et f_n un élément de $\mathcal{C}^b(X)$ tels que

$$f_n(x_n) = 1, \ \|f_n\|_{\beta X} = 1 \ \text{et} \ [f_n] \cap (X \cup Y) \subset G_n, \forall n.$$

Alors l'ensemble

$$B = \left\{ \sum_{n \in N} f_n : N \subset \mathbb{N} \right\}$$

est une partie non dénombrable de $\mathcal{C}^b(X)$ qui est non séparable pour la semi-norme $\|\cdot\|_A$, où A désigne l'ensemble $\{x_n : n \in \mathbb{N}\}$, car on a évidemment

$$N,\ N' \subset \mathbb{N},\ N \neq N' \Rightarrow \| \sum_{n\in N} f_n - \sum_{n\in N'} f_n \|_A = 1 .$$

D'où une contradiction. □

THEOREME IV.1.15.

a) <u>Si</u> X <u>est replet, l'espace</u> $C^b_\sigma(X)$ <u>est séparable par semi-norme si et seulement si</u> X <u>est compact et métrisable</u>.

b) <u>Si</u> X <u>est localement compact, l'espace</u> $C^b_\sigma(X)$ <u>est séparable par semi-norme si et seulement si l'adhérence dans</u> X <u>de toute partie</u> σ-<u>compacte de</u> X <u>est compacte et métrisable</u>.

<u>Preuve</u>. a) résulte immédiatement du lemme précédent car tout espace replet et pseudo-compact est compact.

b) Vu la partie b) du théorème IV.1.2, il suffit d'établir qu'on a l égalité $\bar{A}^X = \bar{A}^{\beta X}$ pour toute partie σ-compacte A de X. Bien sûr, on a l'inclusion $\bar{A}^X \subset \bar{A}^{\beta X}$; prouvons l'inclusion inverse. Soit x_o un élément de $\bar{A}^{\beta X}$. Comme $\bar{A}^{\beta X}$ est métrisable, il existe donc une suite $x_n \in A$ qui converge vers x_o. Vu le lemme II.11.6, quitte à éliminer certains des x_n, nous pouvons supposer que, pour tout n, V_n est un voisinage compact de x_n dans X et que ces ensembles V_n sont deux à deux disjoints. Posons

$A' = \bigcup_{n=1}^{\infty} V_n$: A' est donc une partie σ-compacte de X et, vu la partie b) du théorème IV.1.2, $\overline{A'}^{\beta X}$ est un sous-espace métrisable de βX; soit d une métrique sur $\overline{A'}^{\beta X}$ équivalente dans cet espace à la topologie induite par βX. Nous avons donc $d(x_n,x_o) \to 0$. Soit alors r_n une suite de nombres réels tels que $r_n \downarrow 0$ et que les ensembles U_n déterminés par

$$U_n = \{x \in \overline{A'}^{\beta X} : d(x,x_n) < r_n\}$$

soient inclus dans V_n. Comme, par le lemme précédent, l'espace X est pseudocompact, on obtient qu'il existe un élément y_o de X dont tout voisinage rencontre une infinité des U_n. Il s'ensuit que y_o appartient à $\overline{A'}^{\beta X}$ et que, pour tout n, il existe k_n et

$y_{k_n} \in X$ tels que

$$r_{k_n} < \frac{1}{n}, \; y_{k_n} \in U_{k_n} \quad \text{et} \quad d(y_o, y_{k_n}) \leq r_{k_n}.$$

Il s'ensuit que la suite x_{k_n} converge vers y_o, donc que x_o égale y_o. D'où la conclusion. □

REMARQUE IV.1.16. Il est intéressant de noter que le plan de Tychonov P, qui ne vérifie pas la condition (C), est tel que l'espace $C_\sigma^b(P)$ n'est pas séparable par semi-norme. Pour établir cette assertion, nous pouvons recourir soit à la partie b) du théorème IV.1.2, soit à la partie b) du théorème IV.1.15.

Pour le montrer, convenons de noter Ω l'ensemble des nombres ordinaux inférieurs au premier nombre ordinal non dénombrable Ω_o et ω l'ensemble des nombres ordinaux inférieurs au premier nombre ordinal dénombrable ω_o. Alors on sait que P est l'ensemble

$$(\Omega \times \omega) \setminus \{(\Omega_o, \omega_o)\},$$

muni de la topologie induite par $\Omega \times \omega$.

Pour utiliser la partie b) du théorème IV.1.2, on considère les ensembles $K_n = \Omega \times \{n\}$; ils sont compacts et leur réunion est dense dans $\beta P = \Omega \times \omega$ qui n'est pas métrisable.

Pour utiliser la partie b) du théorème IV.1.15, il suffit de considérer l'ensemble $\{(\Omega_o, n) : n < \omega_o\}$: c'est une partie σ-compacte et fermée de P, qui n'est pas compacte.

Revenons à présent au théorème IV.1.11 qui incite à considérer le système de semi-normes suivant sur $\mathscr{C}^b(X)$.

DEFINITION IV.1.17. [8], [26], [56]. Sur $\mathscr{C}^b(X)$, l'ensemble des semi-normes p_φ où φ parcourt la famille des fonctions bornées sur X qui tendent vers 0 à l'infini [c'est-à-dire telles que, pour tout $\varepsilon > 0$, il existe un compact K_ε de X en dehors duquel $|\varphi(x)|$ est majoré par ε] constitue un système de semi-normes, appelé système de semi-normes de la <u>convergence sous-stricte</u>. L'espace qui en résulte est noté $C_{\beta_o}^b(X)$.

THEOREME IV.1.18. L'espace $C^b_{\beta_o}(X)$ est séparable par semi-norme si et seulement si tout compact de X est métrisable.

Preuve. La condition est nécessaire. De fait, si l'espace $C^b_{\beta_o}(X)$ est séparable par semi-norme, l'espace $C^b_c(X)$ est séparable par semi-norme, car son système de semi-normes est plus faible que celui de la convergence sous-stricte. D'où la conclusion par la partie b) du théorème IV.1.2.

La condition est suffisante. Si la condition est satisfaite, la partie b) du théorème IV.1.2 signale que l'espace $C^b_c(X)$ est séparable par semi-norme. Soit alors p_φ une semi-norme continue de l'espace $C^b_{\beta_o}(X)$. Pour tout n, il existe un compact K_n de X tel que $\{x : |\varphi(x)| \geq 1/n\} \subset K_n$ et, pour chaque compact K_n, il existe une partie dénombrable D_n de $\mathscr{C}^b(X)$ dense dans $\mathscr{C}^b(X)$ pour la semi-norme $\|\cdot\|_{K_n}$. Pour conclure, prouvons que

$$\{\theta_m \circ g : m \in \mathbb{N},\ g \in \bigcup_{n=1}^{\infty} D_n\}$$

est dense dans $\mathscr{C}^b(X)$ pour la semi-norme p_φ. Soient $f \in \mathscr{C}^b(X)$ et $\varepsilon > 0$ fixés. Si m est un nombre entier supérieur $\|f\|_X$, il existe N tel que

$$\sup_{x \in X \setminus K_N} |\varphi(x)| \leq \frac{\varepsilon}{2m},$$

puis $g \in D_N$ tel que

$$\sup_{x \in K_N} |f(x) - g(x)| < \frac{\varepsilon}{\sup_{x \in X} |\varphi(x)| + 1}.$$

D'où la conclusion car on a

$$\begin{aligned}
&\sup_{x \in X} |\varphi(x)[f(x) - (\theta_m \circ g)(x)]| \\
&\leq \sup\left\{\sup_{x \in K_N} |\varphi(x)[f(x)-g(x)]|,\ \sup_{x \in X \setminus K_N} |\varphi(x)[f(x)-g(x)]|\right\} \\
&\leq \sup\left\{\sup_{x \in X} |\varphi(x)| \cdot \frac{\varepsilon}{\sup_{x \in X} |\varphi(x)| + 1},\ \frac{\varepsilon}{2m} \cdot (m+m)\right\} \\
&\leq \varepsilon. \square
\end{aligned}$$

IV. 2. Séparabilité de l'espace $[C(X),\mathcal{P}]$

En ayant recours à [57] et à [58], on obtient déjà le résultat suivant.

THEOREME IV.2.1. Les assertions suivantes sont équivalentes:

(a) l'espace $C_c(X)$ est séparable.

(b) il existe une distance d sur X moins fine que la topologie de X, telle que l'espace (X,d) soit séparable.

(c) il existe une distance d sur X moins fine que la topologie de X et une partie D de X dense dans (X,d) et telle que card $D \leq c$. □

Remarquons que l'assertion (b) du théorème précédent entraine que l'espace X est replet.

L'assertion (c) permet d'arriver au résultat suivant, obtenu par une méthode différente dans [52].

PROPOSITION IV.2.2. L'espace $C_c(X)$ est séparable si et seulement si X est submétrisable(1) et tel que card $X \leq c$.

Preuve. La condition est nécessaire. De fait, si $C_c(X)$ est séparable, il existe une distance d sur X moins fine que la topologie de X et telle que (X,d) soit séparable, ce qui implique qu'on a card $X \leq c$.

La condition est suffisante vu l'implication (c) $\Rightarrow$ (a) dans le théorème précédent. □

Passons à présent au résultat général.

THEOREME IV.2.3.

a) Si l'espace $[C(X),\mathcal{P}]$ est séparable, l'espace $Y_{\mathcal{P}}$ est sous-métrisable et tel que card $Y_{\mathcal{P}} \leq c$.

b) La réciproque a lieu si, en outre, $Y_{\mathcal{P}}$ admet une famille fondamentale dénombrable constituée de compacts ou si $Y_{\mathcal{P}}$ contient X.

---

(1) L'espace X est submétrisable s'il existe une distance sur X moins fine que la topologie de X.

Preuve. a) De fait, si l'espace $[C(X),\mathcal{P}]$ est séparable, il existe une partie dénombrable $\{f_n : n \in \mathbb{N}\}$ de $\mathscr{C}(X)$ qui sépare les points de $Y_{\mathcal{P}}$ car on a toujours $\mathcal{Q}(Y_{\mathcal{P}}) \subset \mathcal{P}$. D'où la conclusion par le lemme IV.1.7.

b) Considérons tout d'abord le cas où $Y_{\mathcal{P}}$ admet une famille fondamentale dénombrable constituée de compacts; soit $\{K_n : n \in \mathbb{N}\}$ une telle famille. Sous les conditions de l'énoncé, nous savons déjà que l'espace $C_c(Y_{\mathcal{P}})$ est séparable. Soit alors $\{f_n : n \in \mathbb{N}\}$ une partie dénombrable dense de $C_c(Y_{\mathcal{P}})$. Pour tout m et tout n, il existe alors un prolongement $f_{m,n} \in \mathscr{C}(X)$ de la restriction de f_m à K_n. L'ensemble $\{f_{m,n} : m,n \in \mathbb{N}\}$ est une partie dénombrable de $\mathscr{C}(X)$ et on voit aisément qu'elle est dense dans $[C(X),\mathcal{P}]$.

Le cas où $Y_{\mathcal{P}}$ contient X est immédiat car les conditions imposées à $Y_{\mathcal{P}}$ exigent que $Y_{\mathcal{P}}$ soit replet : on a donc $Y_{\mathcal{P}} = \upsilon X$ et l'espace $C_c(Y_{\mathcal{P}}) = C_c(\upsilon X)$ est séparable. □

IV.3. Séparabilité de l'espace $[C^b(X),\mathcal{Q}]$

THEOREME IV.3.1. Si tout élément de $\mathcal{Q}$ est une partie bornante de υX, l'espace $[C^b(X),\mathcal{Q}]$ est séparable si et seulement si l'espace $[C(X),\mathcal{Q}]$ l'est.

Preuve. La condition est nécessaire. Soit D une partie dénombrable dense de $[C^b(X),\mathcal{Q}]$ et soient $f \in \mathscr{C}(X)$, $B \in \mathcal{Q}$ et $\varepsilon > 0$ fixés. Si on a $\|f\|_B = r$, alors $\theta_r \circ f$ appartient à $\mathscr{C}^b(X)$ et il existe $g \in D$ tel que

$$\|f - g\|_B = \|\theta_r \circ f - g\|_B \leq \varepsilon,$$

d'où on déduit que D est dense également dans $[C(X),\mathcal{Q}]$.

La condition est suffisante. De fait, on voit aisément que si D est une partie dénombrable dense de $[C(X),\mathcal{Q}]$, alors

$$\{\theta_m \circ f : m \in \mathbb{N},\ f \in D\}$$

est une partie dénombrable dense de $[C^b(X),\mathcal{Q}]$. □

Si on considère une famille $\mathcal{Q}$ en général, on ne peut plus espérer un tel résultat. Le cas de l'espace $C^b_\sigma(X)$ est particulièrement clair à ce sujet, de même que le théorème IV.1.1.

PROPOSITION IV.3.2. [22] Si Y est une partie dense de βX, l'espace $[C^b(X),\mathcal{K}_\sigma(Y)]$ est séparable si et seulement si l'espace $[C^b(X),\mathcal{D}(Y)]$ l'est.

Preuve. La condition est évidemment nécessaire car l'espace $[C^b(X),\mathcal{K}_\sigma(Y)]$ a un système de semi-normes plus fort que celui de $[C^b(X),\mathcal{D}(Y)]$.

La condition est suffisante. Si l'espace $[C^b(X),\mathcal{K}_\sigma(Y)]$ n'est pas séparable, pour toute suite $f_n \in \mathcal{C}^b(X)$, il existe $f \in \mathcal{C}^b(X)$, $\varepsilon > 0$ et une partie σ-compacte A de Y tels que

$$\|f - f_n\|_A > \varepsilon, \forall n.$$

Il existe donc également une suite $x_n \in A$ telle que $|f(x_n)-f_n(x_n)| > \varepsilon$ quel que soit n. Mais alors $A' = \{x_n : n \in \mathbb{N}\}$ est une partie dénombrable de Y telle que $\|f-f_n\|_{A'} > \varepsilon$ pour tout n et l'espace $[C^b(X),\mathcal{D}(Y)]$ n'est donc pas séparable. D'où la conclusion. □

THEOREME IV.3.3. [22] L'espace $C^b_\sigma(X)$ est séparable si et seulement si X est compact et métrisable.

Preuve. La condition est nécessaire. Si l'espace $C^b_\sigma(X)$ est séparable, vu le lemme IV.1.7, il existe une distance d sur X moins fine que la topologie de X, telle que (X,d) soit séparable. Mais, vu le lemme IV.1.14, X est pseudocompact; il s'ensuit que (X,d) est métrisable et pseudocompact, donc compact. Pour conclure, il suffit alors de prouver que d est également plus fin que la topologie de X.

En fait, nous allons établir que si la topologie de X est strictement plus fine que d, alors X n'est pas pseudocompact, ce qui suffira.

Or, si la topologie de X est strictement plus fine que d, il existe $x_o \in X$, un voisinage V de x_o dans X et une suite $x_n \in X \setminus V$ telle que $d(x_n,x_o)$ tende vers 0. Il existe alors une fonction $f \in \mathcal{C}^b(X)$ telle que

$$0 \leqslant f \leqslant 1, \; f(x_o) = 0 \quad \text{et} \; f(X\setminus V) = \{1\}.$$

De là, la fonction

$$g = 2 \sup(f - \frac{1}{2}, 0)$$

appartient à $\mathscr{C}^b(X)$ et est telle que

$$0 \leq g \leq f, \; g(X \setminus V) = \{1\} \quad \text{et } g(U) = \{0\}$$

où U est un voisinage de x_o. Dès lors, la fonction h définie sur X par

$$h(x) = \begin{cases} \dfrac{g(x)}{d(x,x_o)} & \text{si } x \neq x_o, \\ 0 & \text{si } x = x_o, \end{cases}$$

est continue et non bornée sur X. D'où la conclusion.

La condition est trivialement suffisante. □

Considérons également le cas de l'espace $C^b_{\beta_o}(X)$.

THEOREME IV.3.4. [22], [52]. <u>L'espace</u> $C^b_{\beta_o}(X)$ <u>est séparable si et seulement si</u> X <u>est submétrisable et tel que</u> card X $\leq$ c.

<u>Preuve</u>. La démonstration est analogue à celle du théorème IV.1.18. □

IV.4. <u>Critères de compacité dans</u> $C_s(X)$

Rappelons quelques notions voisines de la compacité ainsi que les notations que nous allons utiliser pour les désigner.

DEFINITION IV.4.1. Un sous-espace K d'un espace topologique séparé T est

a) <u>dénombrablement compact</u>, en abrégé DC (resp. <u>relativement dénombrablement compact</u>, en abrégé RDC) si toute suite $x_n \in K$ a un point d'accumulation x_o appartenant à K (resp. T).

b) <u>séquentiellement compact</u>, en abrégé SC (resp. <u>relativement séquentiellement compact</u>, en abrégé RSC) si, de toute suite $x_n \in K$, on peut extraire une sous-suite convergente dont la limite appartient à K (resp. T).

De plus, nous allons utiliser les abréviations C pour compact et RC pour relativement compact.

Bien sûr, on a alors les implications suivantes

$$\begin{array}{ccccc} C & \Longrightarrow & DC & \Longleftarrow & SC \\ \Downarrow & & \Downarrow & & \Downarrow \\ RC & \Longrightarrow & RDC & \Longleftarrow & RSC \end{array}$$

Cela étant, rappelons les résultats suivants, qui vont nous permettre d'étudier ces notions de compacité dans l'espace $[C(X),\mathcal{P}]_a$.

THEOREME IV.4.2. [24] <u>Les ensembles</u> C (resp. RC) <u>des espaces</u> $C_s(X)$ <u>et</u> $C_s(\mu X)$ <u>coïncident</u>. □

Signalons que, dans [5], H. Buchwalter a prouvé qu'en général, les espaces $C_s(X)$ et $C_s(\upsilon X)$ n'ont pas les mêmes ensembles C (resp. RC).

THEOREME IV.4.3. [12] <u>L'opérateur canonique de</u> $C_s(\upsilon X)$ <u>dans</u> $C_s(X)$ <u>est une bijection continue dont l'inverse est séquentiellement continu</u>.

<u>En particulier, les ensembles</u> SC (resp. RSC; DC; RDC) <u>des espaces</u> $C_s(X)$ <u>et</u> $C_s(\upsilon X)$ <u>coïncident</u>.

<u>Preuve</u>. Comme on a $X \subset \upsilon X$, c'est une conséquence immédiate de la partie c) du théorème II.2.3. □

DEFINITION IV.4.4. Un ensemble A et une partie B de $\mathbb{R}^A$ ont <u>la propriété des doubles limites</u>, ce que nous notons $A \sim B$, si, pour toute suite $x_i \in A$ et toute suite $f_j \in B$ telles que les limites

$$\lim_i f_j(x_i),\ (j \in \mathbb{N});\ \lim_j f_j(x_i),\ (i \in \mathbb{N}),$$

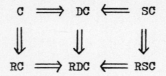

et

$$\lim_j \lim_i f_j(x_i) \text{ et } \lim_i \lim_j f_j(x_i)$$

existent dans $\overline{\mathbb{R}} = \mathbb{R} \cup \{+\infty\} \cup \{-\infty\}$, alors on a

$$\lim_j \lim_i f_j(x_i) = \lim_i \lim_j f_j(x_i)$$

La caractérisation suivante des parties bornantes de X est due à M. De Wilde.

THEOREME IV.4.5. [12]. <u>Une partie</u> B <u>de</u> X <u>est bornante si et seulement si on a</u> $B \sim K$ <u>pour toute partie</u> K RDC <u>de</u> $C_s(X)$ [resp. <u>pour tout ensemble</u> $K = \{f_n : n \in \mathbb{N}\}$ <u>tel que la suite</u> f_n <u>converge vers</u> 0 <u>dans</u> $C_s(X)$]. □

Enfin considérons les parties angéliques de $C_s(X)$.

DEFINITION IV.4.6. Une partie A d'un espace topologique séparé T est <u>angélique</u> si toute partie RDC de A est RC et si l'adhérence de toute partie RC K de A coïncide avec l'ensemble des limites des suites convergentes incluses dans K.

THEOREME IV.4.7. [12] <u>Si</u> D <u>est une partie dense de</u> X <u>et si</u> K <u>est une partie de</u> $\mathscr{C}(X)$ <u>telle que</u> $D \sim K$, <u>alors</u> $\overline{K}^{\mathbb{R}^X}$ <u>est inclus dans</u> $\mathscr{C}(X)$ <u>et est angélique dans</u> $C_s(X)$. □

IV.5. <u>Critères de compacité dans</u> $[C(X),\mathscr{P}]_a$ [47]

Le résultat fondamental concernant les critères de compacité dans l'espace $[C(X),\mathscr{P}]_a$ est le suivant.

THEOREME IV.5.1.

a) <u>Toute partie</u> C [resp. RC; SC; RSC; DC; RDC] <u>de l'espace</u> $[C(X),\mathscr{P}]_a$ <u>est une partie du même type de l'espace</u> $[C(X),\mathscr{A}(Y_{\mathscr{P}})]$.

b) <u>Si</u> $\mathscr{P}$ <u>satisfait à l'inclusion</u> $\mathscr{A}(Y_{\mathscr{P}}) \subset \mathscr{P} \subset \mathscr{K}(Y_{\mathscr{P}})$, <u>alors toute partie bornée de</u> $[C(X),\mathscr{P}]$ <u>qui est</u> C [resp. RC; SC; RSC; DC; RDC] <u>dans</u> $[C(X),\mathscr{A}(Y_{\mathscr{P}})]$ <u>est une partie du même type de l'espace</u> $[C(X),\mathscr{P}]_a$.

Preuve de a). C'est trivial car le système de semi-normes de l'espace $[C(X),\mathscr{P}]_a$ est plus fort que celui de $[C(X),\mathfrak{a}(Y_{\mathscr{P}})]$.

Preuve de b) dans les cas SC et RSC. Il suffit d'établir que si la suite f_n est bornée dans $[C(X),\mathscr{P}]$ et converge vers f_o dans $[C(X),\mathfrak{a}(Y_{\mathscr{P}})]$, alors la suite $\tau(f_n)$ converge vers $\tau(f_o)$ pour tout $\tau \in [C(X),\mathscr{P}]^*$. D'où la conclusion au moyen du théorème de Lebesgue car une telle fonctionnelle τ est une mesure de Radon sur υX ayant un support compact inclus dans $Y_{\mathscr{P}}$.

Preuve de b) dans les cas DC et RDC. Soit K' une partie bornée de $[C(X),\mathscr{P}]$ et DC ou RDC dans $[C(X),\mathfrak{a}(Y_{\mathscr{P}})]$. Si la suite f_n appartient à K', alors l'ensemble $K = \{f_n : n \in \mathbb{N}\}$ est borné dans $[C(X),\mathscr{P}]$ et RDC dans $[C(X),\mathfrak{a}(Y_{\mathscr{P}})]$. Ainsi la suite f_n admet un élément d'accumulation f_o dans $[C(X),\mathfrak{a}(Y_{\mathscr{P}})]$, qui appartient à K' si K' est DC dans $[C(X),\mathfrak{a}(Y_{\mathscr{P}})]$.

A présent, considérons un nombre fini d'éléments de $[C(X),\mathscr{P}]^*$; soient $\tau_1,\dots,\tau_N$ ces éléments et soit B l'union de leurs supports : B est donc une partie compacte de $Y_{\mathscr{P}}$ et appartient à $\mathscr{P}$. Vu le théorème IV.4.5, on a alors $B \sim K$ car K est RDC dans $[C(X),\mathfrak{a}(Y_{\mathscr{P}})]$, donc dans $C_s(Y_{\mathscr{P}})$. De là, on a même $B \sim K|_B$ et le théorème IV.4.7 permet alors d'affirmer que l'adhérence de $K|_B$ dans $C_s(B)$ coïncide avec l'ensemble des limites des suites de $K|_B$ qui convergent dans $C_s(B)$. En particulier, $f_o|_B$ appartient à l'adhérence de $K|_B$ dans $C_s(B)$ et il existe donc une sous-suite f_{k_n} de f_n telle que la suite $f_{k_n}|_B$ converge vers $f_o|_B$ dans $C_s(B)$. De là, par le théorème de Lebesgue, il vient

$$\tau_i(f_{k_n}) \longrightarrow \tau_i(f_o), \ (i \leq N).$$

D'où la conclusion.

Preuve de b) dans les cas C et RC. Soit K' une partie bornée de $[C(X),\mathscr{P}]$ et C ou RC dans $[C(X),\mathfrak{a}(Y_{\mathscr{P}})]$. Alors son adhérence K dans $[C(X),\mathfrak{a}(Y_{\mathscr{P}})]$ est bornée dans $[C(X),\mathscr{P}]$, comme on le vérifie aisément, et de plus K est C dans $[C(X),\mathfrak{a}(Y_{\mathscr{P}})]$. Pour conclure, il suffit de prouver que K est C dans $[C(X),\mathscr{P}]_a$.

Soit B un élément de $\mathscr{P}$; quitte à considérer $\overline{B}^{\upsilon X}$, nous pouvons supposer que B est compact car on a $\mathscr{P} \subset \mathscr{K}(Y_{\mathscr{P}})$. Par le théorème V.4.5, nous avons alors $B \sim K$ car K est C dans

$[C(X),\mathfrak{a}(Y_{\mathcal{P}})]$, donc est C dans $C_s(Y_{\mathcal{P}})$. De là, on a même $B \sim K|_B$, l'ensemble $K|_B$ étant borné dans $C^b(B)$. Dès lors, au moyen d'un résultat de Grothendieck [19], nous savons que $K|_B$ est RC dans $[C^b(B)]_a$, donc que $K|_B$ est C dans $[C^b(B)]_a$ car $K|_B$ est évidemment fermé dans $C^b_s(B)$. Il s'ensuit que les topologies induites par $C^b_s(B)$ et $[C^b(B)]_a$ sur $K|_B$ coïncident, donc coïncident également sur K. A présent, si B parcourt $\mathcal{P}$, nous voyons que les topologies induites par $[C(X),\mathcal{P}]_a$ et $[C(X),\mathfrak{a}(Y_{\mathcal{P}})]$ sur K coincident. D'où la conclusion. □

Si $Y_{\mathcal{P}}$ contient X, établissons que la condition "$\mathcal{P} \subset \mathcal{K}(Y_{\mathcal{P}})$" peut être supprimée dans le théorème précédent.

THEOREME IV.5.2. <u>Si</u> $\mathcal{P}$ <u>est tel que</u> $X \subset Y_{\mathcal{P}} \subset \mu X$ (resp. $X \subset Y_{\mathcal{P}} \subset \upsilon X$), <u>toute partie</u> K <u>bornée dans</u> $[C(X),\mathcal{P}]$ <u>et</u> C <u>ou</u> RC (resp. SC; RSC; DC; RDC) <u>dans</u> $C_s(X)$ <u>est une partie du même type dans</u> $[C(X),\mathcal{P}]_a$.

<u>Preuve</u>. On sait que K est borné dans $[C(X),\bar{\mathcal{P}}]$ alors qu'on a

$$\mathfrak{a}(Y_{\bar{\mathcal{P}}}) \subset \bar{\mathcal{P}} \subset \mathcal{K}(Y_{\bar{\mathcal{P}}}).$$

De plus, par le théorème IV.4.2 (resp. IV.4.3), on sait que K est C ou RC (resp. SC; RSC; DC; RDC) dans $C_s(\mu X)$ [resp. $C_s(\upsilon X)$] car il l'est visiblement dans $C_s(X)$. Le théorème précédent signale alors que K est C ou RC (resp. SC; RSC; DC; RDC) dans

$$[C(X),\bar{\mathcal{P}}]_a = [C(X),\mathcal{P}]_a.$$

D'où la conclusion. □

COROLLAIRE IV.5.3. <u>Toute partie bornée dans</u> $C_c(\mu X)$ [resp. $C_c(\upsilon X)$] <u>et</u> C <u>ou</u> RC (resp. SC; RSC; DC; RDC) <u>dans</u> $C_s(X)$ <u>est une partie du même type dans</u> $C_c(\mu X)_a$ [resp. $C_c(\upsilon X)_a$].

<u>Preuve</u>. C'est une conséquence triviale du théorème précédent. □

COROLLAIRE IV.5.4.

a) <u>Toute partie</u> C <u>ou</u> RC (resp. SC; RSC; DC; RDC) <u>de</u> $C_s(X)$, <u>incluse dans un borné absolument convexe complétant de</u> $C_s(X)$ <u>est une partie</u> C <u>ou</u> RC (resp. SC; RSC; DC; RDC) <u>de</u> $C_c(\mu X)_a$ [resp. $C_c(\upsilon X)_a$], <u>donc de</u> $C_c(X)_a$.

b) Toute partie absolument convexe et C ou RC (resp. SC; RSC; DC; RDC) de $C_s(X)$ est C ou RC (resp. SC; RSC; DC; RDC) dans $C_c(\mu X)_a$ [resp. $C_c(\upsilon X)_a$], donc dans $C_c(X)_a$.

Preuve. a) Il suffit de noter que, vu le théorème III.2.3, $C_c(\upsilon X)$ est l'espace ultrabornologique associé à $C_s(X)$ et que dès lors les espaces $C_s(X)$ et $C_c(\upsilon X)$ ont les mêmes bornés absolument convexes complétants.

b) Il suffit de se rappeler que toute partie absolument convexe et RDC de $C_s(X)$ est un borné absolument convexe et complétant de $C_s(X)$, puis d'appliquer a). □

Comme conséquence de ces résultats, signalons encore les propriétés suivantes, qui vont jusqu'à la compacité dans $C_c(\upsilon X)_a$.

COROLLAIRE IV.5.5. Si la suite f_n converge vers f_o dans $C_s(X)$ et si les séries $\sum_{n=o}^{\infty} c_n f_n$ convergent dans $C_s(X)$ pour toute suite $c_n \in \mathbb{C}$ telle que $\sum_{n=0}^{\infty} |c_n| \leq 1$, alors l'enveloppe absolument convexe fermée de la suite f_n dans $C_c(\upsilon X)_a$ est compacte et égale à

$$A = \left\{ \sum_{n=0}^{\infty} c_n f_n : \sum_{n=0}^{\infty} |c_n| \leq 1 \right\}.$$

Preuve. Vu le théorème II.2.3, la suite f_n converge vers f_o dans $C_s(\upsilon X)$ et les séries $\sum_{n=o}^{\infty} c_n f_n$ convergent dans $C_s(\upsilon X)$ si on a $\sum_{n=o}^{\infty} |c_n| \leq 1$. Il s'ensuit que A est absolument convexe et compact dans $C_s(\upsilon X)$. D'où la conclusion. □

THEOREME IV.5.6. Si K est une partie RDC de $C_s(X)$ et si l'enveloppe absolument convexe fermée de K dans $C_c(\upsilon X)$ est complète et bornée dans $C_c(\upsilon X)$, alors K est RC dans $C_c(\upsilon X)_a$.

Preuve. Si K est RDC dans $C_s(X)$ et borné dans $C_c(\upsilon X)$, il est RDC dans $C_c(\upsilon X)_a$ vu le corollaire IV.5.4. D'où la conclusion, au moyen du théorème d'Eberlein. □

Dans les cas usuels, on a $Y_{\mathcal{P}} = X$. Les tableaux suivants donnent un résumé des propriétés précédentes dans ce cas, où une implication $E \Rightarrow F$ signifie que toute partie considérée de E jouit de la même propriété dans F et une implication $E \underset{(x)}{\Rightarrow} F$, que toute partie considérée de E jouit de la même propriété dans F si elle satisfait à la condition (x).

Tableau récapitulatif des propriétés usuelles de compacité dans $C_s(X)$ et dans $[C(X),\mathcal{P}]_a$, $(Y_{\mathcal{P}}=X)$

a) Vis-à-vis des parties C ou RC

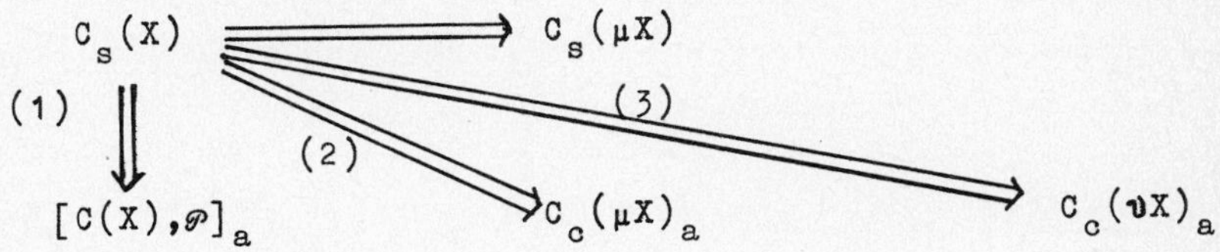

b) Vis-à-vis des parties SC, RSC, DC ou RDC

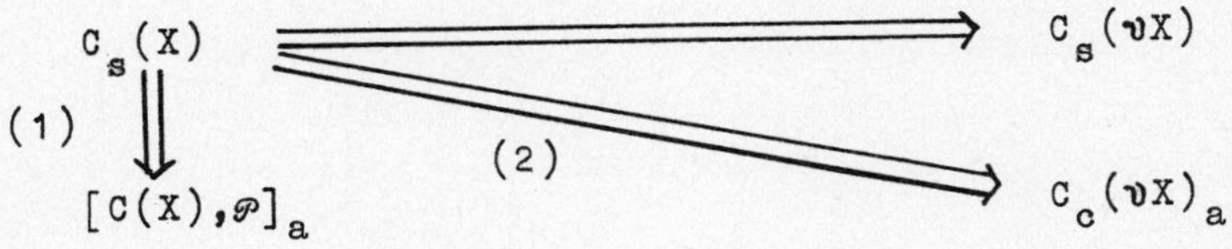

(1) ≡ la partie considérée est bornée dans $[C(X),\mathcal{P}]$.

(2) ≡ la partie considérée est absolument convexe.

(3) ≡ la partie K considérée est telle que $\overline{\langle K\rangle}^{C_c(\upsilon X)}$ soit complet et borné dans $C_c(\upsilon X)$.

CHAPITRE V

APPLICATION AUX

ESPACES DE FONCTIONS CONTINUES VECTORIELLES

On établit des conditions portant sur l'espace complètement régulier et séparé X, et surl'espace linéaire à semi-normes E pour que l'espace des fonctions continues sur X et à valeurs dans E soit bornologique, tonnelé, d-tonnelé, σ-tonnelé, évaluable, d-évaluable ou σ-évaluable lorsqu'il est muni du système des semi-normes simples. On recherche les espaces associés correspondants.

V.1. Définition des espaces $C_s(X;E)$ et $C_{P',s}(X;E)$

Soient X un espace complètement régulier et séparé, et E un espace linéaire à semi-normes.

Nous allons continuer à utiliser les symboles x et y pour désigner les points de X et f et g pour les fonctions continues (sous-entendu scalaires réelles ou complexes) sur X.

En ce qui concerne E, nous allons utiliser les symboles suivants :

e pour les éléments de E,
P pour le système de semi-normes de E,
P' pour un système de semi-normes sur E, plus fort que P.

Cela étant, nous notons

$$\mathcal{C}(X;E)$$

l'ensemble des fonctions continues sur X à valeurs dans E. C'est bien sûr un espace linéaire; nous en désignons les éléments par φ.

Remarquons dès à présent que, pour tout $\varphi \in \mathcal{C}(X;E)$, tout $f \in \mathcal{C}(X)$ et tout $e \in E$, les fonctions $f\varphi$ et fe appartiennent à $\mathcal{C}(X;E)$ et qu'on a l'inclusion

$$\mathcal{C}[X;(E,P')] \subset \mathcal{C}(X;E).$$

On peut introduire de nombreux systèmes de semi-normes sur l'espace $\mathscr{C}(X;E)$. Ainsi, pour toute famille $\mathscr{P}$ de parties bornantes de υX qui détermine un espace $[C(X),\mathscr{P}]$, on peut introduire l'espace $[C(X;E),\mathscr{P}]$ qui est l'espace linéaire $\mathscr{C}(X;E)$ muni du système de semi-normes $\{p_B : p \in P,\ B \in \mathscr{P}\}$ où p_B est défini sur $\mathscr{C}(X;E)$ par

$$p_B(\varphi) = \sup_{x \in B} p[\varphi(x)]\ ,\ \forall\ \varphi \in \mathscr{C}(X;E).$$

Comme $p[\varphi(\circ)]$ est une fonction continue scalaire sur X, la défition de p_B ne pose pas de problème.

La difficulté qu'il y a pour étudier ces espaces généraux de fonctions continues vectorielles réside dans l'obtention d'une caractérisation pratique des éléments de leurs duals.

Dans ce chapitre, nous allons étudier plus particulièrement l'espace $\mathscr{C}(X;E)$ muni du système des semi-normes simples, c'est-à-dire l'espace

$$C_s(X;E) = [C(X;E),\mathscr{A}(X)]\ .$$

Cette étude porte sur la recherche de conditions à imposer à X et à E pour que l'espace $C_s(X;E)$ satisfasse à l'une quelconque des propriétés localement convexes étudiées dans les préliminaires. Elle porte aussi sur la caractérisation des espaces associés correspondants.

Pour ce faire, nous allons recourir à l'espace suivant.

Sur $\mathscr{C}(X;E)$, la loi p_A définie par

$$p_A(\varphi) = \sup_{x \in A} p[\varphi(x)]\ ,\ \forall\ \varphi \in \mathscr{C}(X;E),$$

est encore une semi-norme quels que soient $p \in P'$ et $A \in \mathscr{A}(X)$ et ces semi-normes constituent un système de semi-normes sur $\mathscr{C}(X;E)$, plus fort que celui de $C_s(X;E)$. Nous notons

$$C_{P',s}(X;E)$$

l'espace correspondant. Remarquons bien qu'on a l'égalité

$$C_{P,s}(X;E) = C_s(X;E).$$

V.2. <u>Dual de l'espace</u> $C_s(X;E)$

THEOREME V.2.1. <u>Si</u> π <u>est une fonctionnelle linéaire sur l'espace</u> $\mathscr{C}(X;E)$ <u>pour laquelle il existe</u> $p \in P$, $B \in \mathscr{P}$ <u>et</u> $C > 0$ <u>tels que</u>

$$|\pi(\varphi)| \leq C \sup_{x \in B} p[\varphi(x)], \forall \varphi \in \mathscr{C}(X;E),$$

<u>alors il existe une mesure</u> μ <u>sur</u> $\upsilon X \times E_s^*$ <u>de Radon et à support compact inclus dans</u> $\overline{B}^{\upsilon X} \times b_p^\Delta$ <u>telle que</u>

$$\pi(\varphi) = \int \varphi \, d\mu, \forall \varphi \in \mathscr{C}(X;E). \qquad (*)$$

<u>Inversement, pour une telle mesure</u> μ, <u>la relation</u> (*) <u>définit une fonctionnelle linéaire continue</u> π <u>sur</u> $[C(X;E),\mathscr{P}]$.

<u>Preuve</u>. Soit π une fonctionnelle linéaire sur $\mathscr{C}(X;E)$ telle que

$$|\pi(\varphi)| \leq C \sup_{x \in B} p[\varphi(x)], \forall \varphi \in \mathscr{C}(X;E), \qquad (**)$$

avec $p \in P$, $B \in \mathscr{P}$ et $C > 0$. Pour tout $\tau \in b_p^\Delta$, la fonction $\tau[\varphi(\cdot)]$ est évidemment continue sur X, donc admet un prolongement continu à υX, en particulier au compact $\overline{B}^{\upsilon X}$. Mais alors, comme b_p^Δ est également compact, on a

$$\mathscr{C}[b_p^\Delta;C(\overline{B}^{\upsilon X})] = \mathscr{C}(b_p^\Delta \times \overline{B}^{\upsilon X})$$

et, comme la majoration (**) peut aussi s'écrire

$$|\pi(\varphi)| \leq C \sup_{(\tau,x) \in b_p^\Delta \times \overline{B}^{\upsilon X}} |\tau[\varphi(x)]|, \forall \varphi \in \mathscr{C}(X;E),$$

le théorème de Hahn-Banach donne l'existence d'une mesure de Radon μ sur le compact $b_p^\Delta \times \overline{B}^{\upsilon X}$ qui satisfait à la thèse.

La réciproque est immédiate. □

REMARQUE V.2.2. Dans la preuve du théorème précédent, nous avons utilisé le théorème de Hahn-Banach, ce qui montre que la représentation obtenue peut ne pas être unique et que le support de la fonctionnelle peut ne pas être déterminé par $\mathscr{C}(X;E)$. Le théorème suivant établit que la situation est complètement différente dans le cas de l'espace $C_{P',s}(X;E)$, donc dans celui de l'espace $C_s(X;E)$.

THEOREME V.2.3. Si π est une fonctionnelle linéaire non nulle sur l'espace $\mathscr{C}(X;E)$, pour laquelle il existe $p \in P'$, $A \in \mathscr{a}(X)$ et $C > 0$ tels que

$$|\pi(\varphi)| \leqslant C\, p_A(\varphi), \forall\, \varphi \in \mathscr{C}(X;E),$$

alors il existe des $\tau_x \in (E,P')^*$, $(x \in A)$, tels que

$$|\tau_x(e)| \leqslant C\, p(e), \forall e \in E,$$

pour lesquels on a

$$\pi(\varphi) = \sum_{x \in A} \tau_x[\varphi(x)], \forall\, \varphi \in \mathscr{C}(X;E), \qquad (*)$$

cette représentation de π étant unique si on exige que chaque τ_x diffère de 0 (ce qu'on peut toujours exiger, quitte à remplacer A par une de ses parties).

Inversement, une fonctionnelle π qui admet une représentation du type (*) avec $A \in \mathscr{a}(X)$ et $\tau_x \in (E,P')^*$, $(x \in A)$, est linéaire et continue sur l'espace $C_{P',s}(X;E)$.

Preuve. Soit π une fonctionnelle linéaire sur $\mathscr{C}(X;E)$ telle que

$$|\pi(\varphi)| \leqslant C\, p_A(\varphi), \forall\, \varphi \in \mathscr{C}(X;E),$$

avec $A \in \mathscr{a}(X)$ et $p \in P'$. Pour tout $x \in A$, il existe alors $f_x \in \mathscr{C}(X)$ tel que $f_x(x) = 1$ et que les supports de ces fonctions f_x soient deux à deux disjoints. On a alors

$$\varphi = \sum_{x \in A} f_x \varphi + [\varphi - \sum_{x \in A} f_x \varphi], \forall\, \varphi \in \mathscr{C}(X;E),$$

avec $f_x\varphi \in \mathscr{C}(X;E)$ pour tout $x \in A$. Il s'ensuit immédiatement qu'on a

$$\pi(\varphi) = \sum_{x \in A} \pi(f_x \varphi), \forall\, \varphi \in \mathscr{C}(X;E).$$

Cela étant, remarquons que $\pi(f_x\varphi)$ ne dépend que de $\varphi(x)$: de fait, si $\varphi, \varphi' \in \mathscr{C}(X;E)$ sont tels que $\varphi(x) = \varphi'(x)$, on a $p_A[f_x\varphi - f_x\varphi'] = 0$ d'où on tire l'égalité $\pi(f_x\varphi) = \pi(f_x\varphi')$. Pour tout $x \in A$, on peut donc définir une fonctionnelle τ_x sur E par

$$\tau_x(e) = \pi(f_x e), \forall\, e \in E,$$

et ces τ_x appartiennent à $(E,P')^*$ car on a évidemment

$$|\tau_x(e)| = |\pi(f_x e)| \leqslant C\, p[f_x(x)e] = C\, p(e), \forall e \in E.$$

Etablissons l'unicité de la représentation. Supposons que $A, A' \in \mathcal{a}(X)$ et $\tau_x, \tau'_{x'} \in (E;P')^*$, $(x \in A,\ x' \in A')$, soient tels que

$$\sum_{x \in A} \tau_x[\varphi(x)] = \sum_{x' \in A'} \tau'_{x'}[\varphi(x')], \forall \varphi \in \mathscr{C}(X;E).$$

Il existe alors des fonctions $f_k \in \mathscr{C}(X)$ en nombre fini, qui sont égales chacune à 1 en un point de $A \cup A'$ et dont les supports sont deux à deux disjoints. Cela étant, si $x_o \in A$ est tel que $f_k(x_o) = 1$, on a

$$\tau_{x_o}(e) = \sum_{x \in A} \tau_x[f_k(x)e] = \sum_{x' \in A'} \tau'_{x'}[f_k(x')e], \forall e \in E,$$

et, si τ_{x_o} diffère de 0, on doit avoir $x_o \in A'$ et $\tau_{x_o} = \tau'_{x_o}$. D'où la conclusion car on peut effectuer le même raisonnement à partir de n'importe quel point $x'_o \in A'$ également.

La réciproque est immédiate. □

REMARQUE V.2.4. Si $\mathcal{a}$ est une partie finie de $(E,P')^*$ et si A est une partie finie de X, la loi $p_{\mathcal{a},A}$ définie sur $\mathscr{C}(X;E)$ par

$$p_{\mathcal{a},A}(\varphi) = \sup_{\tau \in \mathcal{a}} \sup_{x \in A} |\tau[\varphi(x)]|, \forall \varphi \in \mathscr{C}(X;E),$$

est visiblement une semi-norme et l'ensemble de ces semi-normes constitue un système de semi-normes sur $\mathscr{C}(X;E)$, comme on le vérifie aisément. On note $C_{P',a}(X;E)$ l'espace $\mathscr{C}(X;E)$ muni de ce système de semi-normes. On établit alors immédiatement que $C_{P',a}(X;E)$ et $C_{P',s}(X;E)$ ont le même dual, donc que $C_{P,a}(X;E)$ est l'espace affaibli associé à $C_{P,s}(X;E)$.

DEFINITION V.2.5. A tout $\pi \in C_{P',s}(X;E)^*$, on associe un <u>support</u> noté supp π, défini par

$$\operatorname{supp} \pi = \begin{cases} \emptyset & \text{si } \pi = 0 \\ \{x \in X : \tau_x \neq 0 \text{ dans la représentation } (*) \text{ de } \pi\}. \end{cases}$$

Ainsi, si π est une fonctionnelle linéaire continue sur $C_{P',s}(X;E)$, supp π est défini et est une partie finie de X. De plus, pour représenter π, nous pouvons adopter la représentation

$$\pi = \sum_{x\in X} \tau_{\pi,x}[.(x)],$$

où $\tau_{\pi,x}$ désigne la fonctionnelle $0 \in (E,P')^*$ pour tout $x \in X \setminus \text{supp}\, \pi$ et où les $\tau_{\pi,x}$, ($x \in \text{supp}\, \pi$), sont déterminés par la représentation (*) selon $\tau_{\pi,x} = \tau_x$ si $x \in \text{supp}\, \pi$.

De plus, à toute partie $\mathcal{B}$ de $C_{P',s}(X;E)^*$, nous associons l'ensemble

$$\text{supp}\, \mathcal{B} = \bigcup_{\pi\in\mathcal{B}} \text{supp}\, \pi.$$

PROPOSITION V.2.6. <u>Pour toute partie bornée</u> $\mathcal{B}$ <u>de</u> $C_{P',s}(X;E)^*_s$, <u>l'ensemble</u> supp $\mathcal{B}$ <u>est une partie bornante de</u> X.

<u>Preuve</u>. Soit $\mathcal{B}$ une partie de $C_{P',s}(X;E)^*_s$ telle que supp $\mathcal{B}$ ne soit pas une partie bornante de X. Il existe donc $f \in \mathscr{C}(X)$ non borné sur supp $\mathcal{B}$ puis, au moyen de la proposition II.11.9, une suite $x_n \in \text{supp}\, \mathcal{B}$ et une suite de fonctions $f_n \in \mathscr{C}(X)$ dont les supports sont deux à deux disjoints et constituent une famille localement finie de parties de X, telles que $f_n(x_n) = 1$ pour tout n. Il existe ensuite une suite $\pi_n \in \mathcal{B}$ telle que $x_n \in \text{supp}\, \pi_n$ quel que soit n et, quitte à recourir à une sous-suite, comme chaque supp π_n est fini, nous pouvons même supposer qu'on a

$$[f_{n+1}] \cap \left(\bigcup_{m=1}^{n} \text{supp}\, \pi_m\right) = \emptyset, \forall n.$$

Il est alors aisé de déterminer de proche en proche des suites $e_n \in E$ et $c_n \in \mathbb{C}$ au moyen des égalités

$$\pi_n\left(\sum_{m=1}^{n} c_m f_m e_m\right) = n, \forall n.$$

Pour conclure, il suffit de noter que la série $\sum_{n=1}^{\infty} c_n f_n e_n$ représente un élément de $\mathscr{C}(X;E)$ qui est tel que

$$\pi_n\left(\sum_{m=1}^{\infty} c_m f_m e_m\right) = \pi_n\left(\sum_{m=1}^{n} c_m f_m e_m\right) = n, \forall n.$$

Il s'ensuit que $\mathcal{B}$ n'est pas borné dans $C_{P',s}(X;E)^*_s$. D'où la conclusion. □

PROPOSITION V.2.7. <u>Une partie</u> $\mathcal{B}$ <u>de l'espace</u> $C_{P',s}(X;E)^*_b$ <u>est bornée si et seulement si l'ensemble</u> supp $\mathcal{B}$ <u>est fini et tel que, pour tout</u> $x \in$ supp $\mathcal{B}$, <u>l'ensemble</u> $\{\mathcal{T}_{\pi,x} : \pi \in \mathcal{B}\}$ <u>soit borné dans</u> $(E,P')^*_b$.

<u>Preuve</u>. La condition est nécessaire. Soit $\mathcal{B}$ une partie de $C_{P',s}(X;E)^*$ telle que l'ensemble supp $\mathcal{B}$ ne soit pas fini. Vu le lemme II.11.6, il existe alors une suite $x_n \in$ supp $\mathcal{B}$ et une suite V_n de voisinages fermés des x_n, qui sont disjoints deux à deux. Pour tout n, il existe ensuite $\pi_n \in \mathcal{B}$ tel que $\mathcal{T}_{\pi_n,x_n}$ diffère de 0 et, quitte à éliminer certains des x_n, on peut même exiger que x_{n+1} n'appartienne pas à

$$\bigcup_{m=1}^{n} \operatorname{supp} \pi_m,$$

quel que soit n. De proche en proche, on peut alors déterminer une suite $f_n \in \mathscr{C}(X)$ telle que $[f_n] \subset V_n$ et $f_n(x_n) = 1$ pour tout n, et une suite $e_n \in E$ telles que

$$\pi_n(f_n e_n) = n, \forall n.$$

Il s'ensuit que la suite $f_n e_n$ est bornée dans $C_{P',s}(X;E)$ car les f_n sont à supports deux à deux disjoints et que l'ensemble $\mathcal{B}$ n'est pas borné dans $C_{P',s}(X;E)^*_b$. Au total, si $\mathcal{B}$ est un borné de $C_{P',s}(X;E)^*_b$, l'ensemble supp $\mathcal{B}$ est fini.

Prouvons à présent que, si $\mathcal{B}$ est un borné de $C_{P',s}(X;E)^*_b$, pour tout $x \in$ supp $\mathcal{B}$, $\{\mathcal{T}_{\pi,x} : \pi \in \mathcal{B}\}$ est borné dans $(E,P')^*_b$. De fait, comme supp $\mathcal{B}$ est fini, il existe des fonctions $f_x \in \mathscr{C}(X)$, $(x \in$ supp $\mathcal{B})$, telles que $f_x(y) = \delta_{x,y}$ pour tous $x,y \in$ supp $\mathcal{B}$. Pour conclure, il suffit alors de noter que, pour tout borné B de (E,P') et tout $x \in$ supp $\mathcal{B}$, l'ensemble

$$B_x = \{f_x\, e : e \in B\}$$

est borné dans $C_{P',s}(X;E)$ et qu'on a

$$\sup_{e\in B} \sup_{\pi\in\mathcal{B}} |\mathcal{T}_{\pi,x}(e)| = \sup_{\pi\in\mathcal{B}} \sup_{\varphi\in B_x} |\pi(\varphi)| < +\infty.$$

La suffisance de la condition est immédiate. □

PROPOSITION V.2.8. Une partie $\mathcal{B}$ du dual de l'espace $C_{P',s}(X;E)$ est équicontinue si et seulement si supp $\mathcal{B}$ est fini et tel que, pour tout $x \in$ supp $\mathcal{B}$, l'ensemble $\{\tau_{\pi,x} : \pi \in \mathcal{B}\}$ soit équicontinu sur (E,P').

Preuve. La nécessité de la condition résulte immédiatement du théorème V.2.3 qui donne la structure du dual de l'espace $C_{P',s}(X;E)$.

La suffisance de la condition est immédiate. □

V.3. Critères pour que $C_s(X;E)$ soit de Mackey, tonnelé, d-tonnelé, σ-tonnelé, évaluable, d-évaluable ou σ-évaluable

THEOREME V.3.1. L'espace $C_{P',s}(X;E)$ est de Mackey si et seulement si (E,P') l'est.

En particulier, l'espace $C_s(X;E)$ est de Mackey si et seulement si E l'est.

Preuve. La condition est nécessaire. Bien sûr, pour tout $x \in X$, l'opérateur T_x défini de $(E,P')^*_s$ dans $C_{P',s}(X;E)^*_s$ par

$$(T_x\tau)(.) = \tau[.(x)], \forall \tau \in (E,P')^*,$$

est linéaire et continu. De là, si $\mathcal{K}$ est une partie compacte et absolument convexe de $(E,P')^*_s$ et si x appartient à X, alors l'ensemble $T_x\mathcal{K}$ est compact et absolument convexe dans $C_{P',s}(X;E)^*_s$, donc est équicontinu sur $C_{P',s}(X;E)$. Par la proposition V.2.8, on obtient qu'il existe une partie finie A de X, une semi-norme $p \in P'$ et un nombre $C > 0$ tels que

$$\sup_{\tau\in\mathcal{K}} |\tau[\varphi(x)]| = \sup_{\pi\in T_x\mathcal{K}} |\pi(\varphi)| \leq C \sup_{y\in A} p[\varphi(y)], \forall \varphi\in\mathcal{C}(X;E).$$

On en déduit aussitôt que x appartient à A et que $\mathcal{K}$ est équicontinu sur (E,P') car contenu dans $C\, b_p^{\Delta}$. D'où la conclusion.

La condition est suffisante. Soit $\mathcal{K}$ un compact absolument convexe de $C_{P',s}(X;E)^*_s$. Comme $\mathcal{K}$ est borné dans $C_{P',s}(X;E)^*_b$, nous savons déjà, par la proposition V.2.7, que supp $\mathcal{K}$ est fini. De plus, pour tout $x \in$ supp $\mathcal{K}$, l'opérateur T_x défini de $C_{P',s}(X;E)^*_s$ dans $(E,P')^*_s$ par $T_x\pi = \tau_{\pi,x}$ est visiblement linéaire.

Il est également continu car, si $f \in \mathscr{C}(X)$ est tel que $f(y) = \delta_{x,y}$ pour tout $y \in \operatorname{supp} \mathcal{K}$, on a

$$|\tau_{\pi,x}(e)| = |\pi(f\,e)|, \forall e \in E.$$

Dès lors, pour tout $x \in \operatorname{supp} \mathcal{K}$, $T_x \mathcal{K}$ est compact et absolument convexe dans E_s^*, donc équicontinu sur E. D'où la conclusion au moyen de la proposition V.2.8. □

THEOREME V.3.2. <u>L'espace</u> $C_{P',s}(X;E)$ <u>est évaluable si et seulement si</u> (E,P') <u>l'est. De plus, l'espace évaluable associé à l'espace</u> $C_{P',s}(X;E)$ <u>est l'espace</u> $C_{P'_e,s}(X;E)$ <u>où</u> P'_e <u>désigne le système de semi-normes de l'espace évaluable associé à</u> (E,P').

<u>En particulier, l'espace</u> $C_s(X;E)$ <u>est évaluable si et seulement si</u> E <u>l'est. De plus, l'espace évaluable associé à</u> $C_s(X;E)$ <u>est l'espace</u> $C_{P_e,s}(X;E)$ <u>où</u> P_e <u>désigne le système de semi-normes de l'espace évaluable associé à</u> E.

<u>Preuve</u>. La condition est nécessaire. De fait, si $\mathscr{B}$ est un borné de $(E,P')_b^*$, fixons un élément x de X. Alors l'ensemble $\mathscr{B}_x = \{\tau[\cdot(x)] : \tau \in \mathscr{B}\}$ est visiblement borné dans $C_{P',s}(X;E)_b^*$, donc est équicontinu sur $C_{P',s}(X;E)$ si cet espace est évaluable. On en déduit aisément qu'alors $\mathscr{B}$ est équicontinu sur (E,P').

La condition est suffisante. De fait, si $\mathscr{B}$ est un borné de $C_{P',s}(X;E)_b^*$, nous savons par la proposition V.2.7 que $\operatorname{supp} \mathscr{B}$ est fini et que, pour tout $x \in \operatorname{supp} \mathscr{B}$, $\mathscr{B}_x = \{\tau_{\pi,x} : \pi \in \mathscr{B}\}$ est borné dans $(E,P')_b^*$, donc est équicontinu sur (E,P') car cet espace est évaluable. D'où la conclusion par la proposition V.2.8.

En ce qui concerne l'espace évaluable associé à $C_{P',s}(X;E)$, revenons à la construction transfinie de l'espace évaluable associé donnée au paragraphe I.5. Il suffit, vu ce qui précède, d'établir que, pour tout nombre α, on a l'égalité entre les espaces linéaires à semi-normes

$$C_{P',s}(X;E)_\alpha \quad \text{et} \quad C_{P'_\alpha,s}(X;E)$$

si P'_α désigne le système de semi-normes de l'espace $(E,P')_\alpha$. Pour $\alpha = 1$, cela découle immédiatement de la proposition V.2.7 et de la définition de P'_1. On en déduit aussitôt que si on a l'égalité pour α, on l'a également pour $\alpha + 1$. Pour conclure, il suffit de remarquer que si α est un nombre ordinal limite et si l'égalité a lieu pour tout nombre ordinal $\beta < \alpha$, alors l'égalité a encore lieu pour α, vu la définition de $C_{P',s}(X;E)_\alpha$ et de P'_α dans un tel cas. □

THEOREME V.3.3. L'espace $C_{P',s}(X;E)$ est tonnelé si et seulement si les espaces $C_s(X)$ et (E,P') le sont. De plus, si $C_s(X)$ est tonnelé, l'espace tonnelé associé à $C_{P',s}(X;E)$ est l'espace $C_{P'_t,s}(X;E)$ où P'_t désigne le système de semi-normes de l'espace tonnelé associé à (E,P').

En particulier, $C_s(X;E)$ est tonnelé si et seulement si $C_s(X)$ et E le sont. De plus, si $C_s(X)$ est tonnelé, l'espace tonnelé associé à $C_s(X;E)$ est l'espace $C_{P_t,s}(X;E)$ où P_t désigne le système de semi-normes de l'espace tonnelé associé à E.

Preuve. La condition est suffisante. De fait, si $\mathcal{B}$ est borné dans $C_{P',s}(X;E)^*_s$, l'ensemble supp $\mathcal{B}$ est bornant dans X vu la proposition V.2.6, donc est fini, vu la partie a) du théorème III.3.13. Cela étant, on voit aisément que, pour tout $x \in \operatorname{supp} \mathcal{B}$, l'ensemble $\mathcal{B}_x = \{\mathcal{T}_{\pi,x} : \pi \in \mathcal{B}\}$ est borné dans $(E,P')^*_s$, donc est équicontinu car (E,P') est tonnelé. D'où la conclusion par la proposition V.2.8.

La nécessité de la condition résulte aussitôt des deux propositions suivantes, qui ont leur intérêt propre et permettent notamment d'établir différemment la suffisance de la condition.

PROPOSITION V.3.4. L'ensemble supp T^Δ est fini quel que soit le tonneau T de $C_{P',s}(X;E)$ si et seulement si $C_s(X)$ est tonnelé.

Preuve. La condition est nécessaire. De fait, si $C_s(X)$ n'est pas tonnelé, on sait qu'il existe une partie bornante B de X qui n'est pas finie. Mais alors, si $p \in P$ diffère de 0, l'ensemble

$$T = \{\varphi \in \mathcal{C}(X;E) : p_B(\varphi) \leq 1\} = \bigcap_{x \in B} \{\varphi \in \mathcal{C}(X;E) : p[\varphi(x)] \leq 1\}$$

est un tonneau de $C_s(X;E)$ car $\{\varphi(x): x \in B\}$ est borné dans E pour tout $\varphi \in \mathscr{C}(X;E)$, donc est un tonneau de $C_{P',s}(X;E)$ alors que le support de son polaire dans $C_{P',s}(X;E)^*$ contient visiblement B.

La condition est suffisante. De fait, si T est un tonneau de $C_{P',s}(X;E)$, son polaire T^Δ est borné dans $C_{P',s}(X;E)^*_s$ et, vu la proposition V.2.6, supp T^Δ est une partie bornante de X, donc une partie finie de X car $C_s(X)$ est tonnelé. □

PROPOSITION V.3.5. <u>Si</u> $C_s(X)$ <u>est tonnelé, l'espace</u> $C_{P',s}(X;E)$ <u>est tonnelé si et seulement si</u> (E,P') <u>est tonnelé</u>.

<u>Preuve</u>. La condition est nécessaire. De fait, si (E,P') n'est pas tonnelé, il existe une partie bornée $\mathscr{B}$ de $(E,P')^*_s$ qui n'est pas équicontinue. De là, si x appartient à X, l'ensemble

$$\{\varphi \in \mathscr{C}(X;E): \sup_{\tau \in \mathscr{B}} |\tau[\varphi(x)]| \leq 1\}$$

est un tonneau de $C_{P',s}(X;E)$ comme polaire d'un borné de $C_{P',s}(X;E)^*_s$, et n'est pas un voisinage de 0.

La condition est suffisante. Soit T un tonneau de $C_{P',s}(X;E)$. Comme $C_s(X)$ est tonnelé, nous savons déjà que l'ensemble supp T^Δ est fini. Cela étant, il suffit de prouver que, pour tout $x \in$ supp T^Δ, l'ensemble

$$\{\tau_{\pi,x}: \pi \in T^\Delta\}$$

est s-borné dans $(E,P')^*_s$, car alors il sera équicontinu sur (E,P') et T^Δ sera équicontinu sur $C_{P',s}(X;E)$. Or il existe $f \in \mathscr{C}(X)$ tel que $f(y) = \delta_{x,y}$ pour tout $y \in$ supp T^Δ et ainsi, pour tout $e \in E$, il vient

$$\sup_{\pi \in T^\Delta} |\tau_{\pi,x}(e)| = \sup_{\pi \in T^\Delta} |\pi(f\, e)| < +\infty.$$

D'où la conclusion. □

Pour en terminer avec la preuve du théorème V.3.3, nous devons encore établir l'énoncé relatif à l'espace tonnelé associé à $C_{P',s}(X;E)$.

Pour ce faire, revenons à la construction transfinie de l'espace tonnelé associé à un espace linéaire à semi-normes, donnée au paragraphe I.4. Il suffit bien sûr d'établir que, pour tout nombre ordinal α, on a l'égalité entre les espaces linéaires à semi-normes

$$C_{P',s}(X;E)_\alpha \quad \text{et} \quad C_{P'_\alpha,s}(X;E)$$

si P'_α est le système de semi-normes de l'espace $(E,P')_\alpha$ et si $C_s(X)$ est tonnelé. Pour $\alpha = 1$, cela découle aisément de la proposition V.3.4 car si une partie $\mathcal{B}$ de $C_{P',s}(X;E)^*$ est telle que supp $\mathcal{B}$ soit fini, on vérifie de suite que $\mathcal{B}$ est borné dans $C_{P',s}(X;E)^*_s$ si et seulement si les ensembles

$$\mathcal{B}_x = \{\tau_{\pi,x} : \pi \in \mathcal{B}\}, \ (x \in \operatorname{supp} \mathcal{B}),$$

sont bornés dans $(E,P')^*_s$. De la même manière, on établit que si l'égalité a lieu pour α, elle a lieu également pour $\alpha + 1$. Pour conclure, il suffit alors de remarquer que si α est un nombre ordinal limite et si l'égalité a lieu pour tout $\beta < \alpha$, l'égalité a encore lieu pour α, vu la définition de $C_{P',s}(X;E)_\alpha$ et de P'_α dans un tel cas. □

THEOREME V.3.6. <u>L'espace</u> $C_{P',s}(X;E)$ <u>est</u> d-<u>évaluable</u> (resp. d-<u>tonnelé</u>) <u>si et seulement si</u> (E,P') <u>est</u> d-<u>évaluable</u> [resp. d-<u>tonnelé et si</u> $C_s(X)$ <u>est</u> d-<u>tonnelé</u>]. <u>De plus, l'espace</u> d-<u>évaluable</u> (resp. d-<u>tonnelé</u>) <u>associé à l'espace</u> $C_{P',s}(X;E)$ <u>est l'espace</u> $C_{P'',s}(X;E)$, <u>où</u> P" <u>est le système de semi-normes de l'espace</u> d-<u>évaluable</u> (resp. d-<u>tonnelé</u>) <u>associé à</u> (E,P') [resp. <u>si, en plus</u>, $C_s(X)$ <u>est</u> d-<u>tonnelé</u>].

<u>En prenant</u> $P = P'$, <u>on déduit aussitôt de cet énoncé les propriétés correspondantes de l'espace</u> $C_s(X;E)$.

<u>Preuve</u>. Etablissons l'énoncé relatif au cas d-tonnelé; la démonstration de l'autre cas est analogue, tout en se simplifiant.

La condition est nécessaire. Prouvons tout d'abord que $C_s(X)$ est d-tonnelé, c'est-à-dire que toute partie bornante et dénombrable de X est finie, vu la partie c) du théorème III.3.13. Soit donc B une partie bornante et dénombrable de X. Soit en outre τ un élément non nul de $(E,P')^*$: l'ensemble $\mathcal{B} = \{\tau[\cdot(x)] : x \in B\}$ est alors trivialement dénombrable et borné dans $C_{P',s}(X;E)^*_s$, donc est équicontinu et B = supp $\mathcal{B}$ est fini. Etablissons à présent que (E,P') est d-tonnelé. De fait, si $\mathcal{B}$ est borné dans $(E,P')^*_s$ et est union dénombrable de parties équicontinues sur (E,P') alors, pour tout $x \in X$ fixé, l'ensemble $\mathcal{B}_x = \{\pi[\cdot(x)] : \pi \in \mathcal{B}\}$ est s-borné dans $C_{P',s}(X;E)^*$ et union dénombrable de parties équicontinues sur $C_{P',s}(X;E)$, donc est équicontinu sur $C_{P',s}(X;E)$. D'où la conclusion.

La condition est suffisante. Soit $\mathcal{B}$ un borné de $C_{P',s}(X;E)^*_s$, union dénombrable de parties équicontinues sur $C_{P',s}(X;E)$. D'une part, supp $\mathcal{B}$ est dénombrable et bornant dans X, donc est fini car $C_s(X)$ est d-tonnelé. D'autre part, pour tout $x \in$ supp $\mathcal{B}$, l'ensemble $\mathcal{B}_x = \{\mathcal{T}_{\pi,x} : \pi \in \mathcal{B}\}$ est borné dans $(E,P')^*_s$ et union dénombrable d'ensembles équicontinus sur (E,P'), donc est équicontinu sur (E,P'). D'où la conclusion.

Pour établir la partie de l'énoncé relative à l'espace d-tonnelé associé, il suffit de procéder comme dans le cas de l'espace tonnelé associé, en remplaçant la proposition V.3.4 par le début du raisonnement effectué pour établir que la condition était suffisante. □

THEOREME V.3.7. L'espace $C_{P',s}(X;E)$ est σ-évaluable (resp. σ-tonnelé) si et seulement si (E,P') est σ-évaluable [resp. σ-tonnelé et si $C_s(X)$ est σ-tonnelé]. De plus, l'espace σ-évaluable (resp. σ-tonnelé) associé à l'espace $C_{P',s}(X;E)$ est l'espace $C_{P'',s}(X;E)$ où P" est le système de semi-normes de l'espace σ-évaluable (resp. σ-tonnelé) associé à (E,P') [resp. si, en plus, $C_s(X)$ est σ-tonnelé].

En prenant P = P', on déduit aussitôt de cet énoncé les propriétés correspondantes de l'espace $C_s(X;E)$.

Preuve. Elle est analogue à celle du théorème précédent. □

V.4. Conditions pour que $C_s(X;E)$ soit bornologique

THEOREME V.4.1. Si l'espace $C_{P',s}(X;E)$ est bornologique, les espaces $C_s(X)$ et (E,P') le sont aussi.

En particulier, si l'espace $C_s(X;E)$ est bornologique, les espaces $C_s(X)$ et E le sont aussi.

Preuve. Etablissons tout d'abord que $C_s(X)$ est bornologique, c'est-à-dire que X est replet, vu le corollaire III.4.3. Considérons un point x de υX et fixons une semi-norme non nulle $p \in P'$. L'ensemble

$$b_{x,p} = \{\varphi \in \mathscr{C}(X;E) : p[\varphi(x)] \leq 1\}$$

est évidemment absolument convexe. De plus, il absorbe tout borné de $C_{P',s}(X;E)$ car, pour un tel borné B, l'ensemble $\{p[\varphi(\cdot)] : \varphi \in B\}$ est borné dans $C_s(X)$, donc dans $C_s(\upsilon X)$, vu le corollaire II.2.4. De là, $b_{x,p}$ est un voisinage de 0 dans $C_{P',s}(X;E)$: il existe donc $A \in \mathcal{Q}(X)$, $p' \in P'$ et $r > 0$ tels que

$$b = \{\varphi \in \mathscr{C}(X;E) : p'_A(\varphi) \leq r\}$$

soit inclus dans $b_{x,p}$. Pour conclure, prouvons que x appartient à A. Si ce n'est pas le cas, il existe $f \in \mathscr{C}(X)$ tel que $f(y)$ égale 0 pour tout $y \in A$ et que $f(x)$ égale 1. Mais alors, si $e \in E$ est tel que $p(e) > 1$, la fonction fe appartient à $b \setminus b_{x,p}$, d'où une contradiction.

Démontrons à présent que l'espace (E,P') est bornologique. Vu le théorème V.3.2, nous savons déjà que (E,P') est évaluable. Pour conclure, il suffit donc d'établir que toute fonctionnelle linéaire et bornée sur les bornés de (E,P') est continue sur (E,P'). Soit τ une telle fonctionnelle et soit x un élément de X. L'ensemble

$$b_{\tau,x} = \{\varphi \in \mathscr{C}(X;E) : |\tau[\varphi(x)]| \leq 1\}$$

est alors absolument convexe et absorbe tout borné de $C_{P',s}(X;E)$, comme on le voit aisément. De là, $b_{\tau,x}$ est un voisinage de 0 dans $C_{P',s}(X;E)$: il existe $A \in \mathcal{Q}(X)$, $p \in P'$ et $r > 0$ tels que la semi-boule

$$b = \{\varphi \in \mathscr{C}(X;E) : p_A(\varphi) \leq r\}$$

soit incluse dans $b_{\tau,x}$. Il s'ensuit qu'on doit avoir $x \in A$ et même

$$\{\varphi \in \mathscr{C}(X;E) : p[\varphi(x)] < r\} \subset b_{\tau,x}.$$

De là, on a $|\tau(e)| \leq p(e)/r$ pour tout $e \in E$ et τ est continu sur (E,P'). □

REMARQUE V.4.2. A présent, nous allons chercher à établir la réciproque du théorème précédent. En général, nous obtenons le résultat suivant valable sur le sous-espace linéaire $\mathscr{C}(X) \otimes E$ de $\mathscr{C}(X;E)$. Cependant les théorèmes V.4.11 et V.4.12 donnent des cas où l'espace $C_{P',s}(X;E)$ est bornologique; ces résultats reposent sur une étude des ensembles absolument convexes et bornivores de $C_{P',s}(X;E)$, comparable à celle du paragraphe III.1.

THEOREME V.4.3. Si E et $C_s(X)$ sont bornologiques et si π est une fonctionnelle linéaire bornée sur les bornés de $C_{P',s}(X;E)$, alors il existe une partie finie A de X et des fonctionnelles $\tau_x \in (E,P')^*$, $(x \in A)$, telles que

$$\pi(f\ e) = \sum_{x \in A} f(x)\ \tau_x(e), \forall e \in E, \forall f \in \mathscr{C}(X),$$

ce qui donne la représentation de π sur $\mathscr{C}(X) \otimes E$.

Preuve. a) Fixons $e \in E$. Alors la fonctionnelle τ_e définie sur $C_s(X)$ par

$$\tau_e(f) = \pi(f\ e), \forall f \in \mathscr{C}(X),$$

est linéaire et bornée sur les bornés de $C_s(X)$ car, pour tout borné B de $C_s(X)$, l'ensemble $\{fe : f \in B\}$ est borné dans $C_{P',s}(X;E)$. Il s'ensuit que τ_e appartient au dual de $C_s(X)$: il existe donc une partie finie A_e de X et des nombres $c_e(x)$ $(x \in A_e)$, tels que

$$\tau_e(f) = \sum_{x \in A_e} c_e(x)\ f(x), \forall f \in \mathscr{C}(X). \qquad (*)$$

De plus, si τ_e diffère de 0 et si on exige que les nombres $c_e(x)$ diffèrent de 0, un raisonnement analogue à celui qui établit l'unicité de la représentation dans le théorème V.2.3, montre que cette représentation de τ_e est unique.

b) A présent, établissons que l'union A de ces parties finies A_e de X lorsque e parcourt E, est un ensemble fini. De fait, sinon, vu le lemme II.11.6, A contient une suite x_n de points distincts pour lesquels il existe une suite V_n de voisinages fermés deux à deux disjoints. Cela étant, il existe une suite $e_n \in E$ telle que $x_n \in A_{e_n}$, donc telle que $c_{e_n}(x_n)$ diffère de 0 pour tout n, et quitte à considérer des voisinages plus petits des x_n, nous pouvons même supposer que x_n soit le seul élément de A_{e_n} appartenant à V_n. Soit alors f_n une suite d'éléments de $\mathscr{C}(X)$ telle que

$$0 \leq f_n \leq 1,\ f_n(x_n) = 1 \quad \text{et} \quad [f_n] \subset V_n, \forall n.$$

L'ensemble

$$\left\{ \frac{n\, f_n\, e_n}{c_{e_n}(x_n)} : n \in \mathbb{N} \right\}$$

est alors borné dans $C_{P',s}(X;E)$ car les f_n sont à supports disjoints deux à deux, alors que

$$\pi\left(\frac{n\, f_n\, e_n}{c_{e_n}(x_n)}\right) = \frac{n}{c_{e_n}(x_n)}\, \pi(f_n\, e_n) = n, \forall n.$$

D'où une contradiction.

c) Pour tout $x \in A$, définissons alors les lois $d_e(x)$ sur E par

$$d_e(x) = \begin{cases} c_e(x) & \text{si } x \in A_e, \\ 0 & \text{sinon.} \end{cases}$$

Ces lois $d_e(x)$, $(x \in A)$, sont des fonctionnelles linéaires sur E car on a

$$\sum_{x\in A} d_{\sum_{(i)} c_i e_i}(x) f(x) = \pi\Big(\sum_{(i)} c_i f e_i\Big) = \sum_{(i)} c_i \sum_{x\in A} d_{e_i}(x)\, f(x)$$

pour tout $f \in \mathscr{C}(X)$, donc notamment pour des fonctions $f_x \in \mathscr{C}(X)$, $(x \in A)$, telles que $f_x(y) = \delta_{x,y}$ pour tout $y \in A$. De plus, ces fonctionnelles $d_e(x)$, $(x \in A)$, linéaires sur E sont bornées sur les bornés de (E,P') : de fait, si B est un borné de (E,P'), alors pour tout $x \in A$, $\{f_x e : e \in B\}$ est borné dans $C_{P',s}(X;E)$ et on a

$$\sup_{e\in B} |d_e(x)| = \sup_{e\in B} |d_e(x) f_x(x)| = \sup_{e\in B} |\tau_e(f_x)| = \sup_{e\in B} |\pi(f_x e)| < +\infty.$$

Il s'ensuit que, pour tout $x \in A$, il existe $\tau_x \in (E,P')^*$ tel que

$$\tau_x(e) = d_e(x), \forall e \in E.$$

d) Au total, il vient

$$\pi(fe) = \sum_{x \in A} f(x)\, \tau_x(e), \forall f \in \mathscr{C}(X), \forall e \in E,$$

et cette représentation s'étend évidemment à $\mathscr{C}(X) \otimes E$. □

Désignons par αE une compactification quelconque de E (par exemple celle de Stone-Čech), fixée une fois pour toute. Alors, vu la partie b) du théorème II.3.3, tout $\varphi \in \mathscr{C}(X;E)$ admet un prolongement continu et unique de βX dans αE, que nous allons noter $\tilde{\varphi}$.

On obtient alors le résultat suivant, comparable au théorème III.1.2.

THEOREME V.4.4. <u>Pour toute partie absolument convexe</u> D <u>de</u> $\mathscr{C}(X;E)$, <u>il existe un plus petit compact</u> $K(D)$ <u>de</u> βX <u>tel que</u> $\varphi \in \mathscr{C}(X;E)$ <u>appartienne à</u> D <u>si</u> $\tilde{\varphi}$ <u>est identiquement nul sur un voisinage de</u> $K(D)$.

<u>Preuve</u>. Bien sûr, βX est un compact de βX tel que $\varphi \in \mathscr{C}(X;E)$ appartienne à D si $\tilde{\varphi}$ est identiquement nul sur un voisinage de βX, c'est-à-dire sur βX. Pour conclure, il suffit alors d'établir que toute intersection de tels compacts jouit encore de la même propriété. Mais, comme la condition porte sur les voisinages de ces compacts, on se ramène de suite à prouver que toute intersection finie de tels compacts jouit encore de la même propriété.

Soient K_1 et K_2 deux tels compacts et soit $\varphi \in \mathscr{C}(X;E)$ tel que $\tilde{\varphi}$ s'annule sur un voisinage V de $K_1 \cap K_2$. Il existe alors $f \in \mathscr{C}(X)$ tel que le prolongement continu unique f^β de f à βX soit égal à 1 sur un voisinage V_1 de K_1 et à 0 sur un voisinage V_2 de $K_2 \setminus V$. De là, $(2f\varphi)^\sim$ est identiquement nul sur $V \cup V_2$, c'est-à-dire sur un voisinage de K_2, et $2f\varphi$ appartient à D. De même, $[2(1-f)\varphi]^\sim$ est identiquement nul sur V_1, c'est-à-dire sur un voisinage de K_1, et $2(1-f)\varphi$ appartient à D. D'où la conclusion car on a alors

$$\varphi = \frac{1}{2}\,[2f\varphi + 2(1-f)\varphi] \in D. \ \square$$

DEFINITION V.4.5. Si D est une partie absolument convexe de $\mathscr{C}(X;E)$, appelons <u>appui de</u> D le compact K(D) déterminé par le théorème V.4.4.

Etudions cette notion d'appui d'une partie absolument convexe de $\mathscr{C}(X;E)$.

LEMME V.4.6. <u>Si</u> D <u>est une partie absolument convexe de</u> $\mathscr{C}(X;E)$, <u>alors</u> $x \in \beta X$ <u>appartient à</u> K(D) <u>si et seulement si, pour tout voisinage ouvert</u> V <u>de</u> x <u>dans</u> βX, <u>il existe</u> $\varphi \in \mathscr{C}(X;E)$ <u>tel que</u> $\varphi \notin D$ <u>et</u> $\tilde{\varphi}(\beta X \setminus V) = \{0\}$.

<u>Preuve</u>. La condition est nécessaire. Soit x un point de βX pour lequel il existe un voisinage ouvert V dans βX tel que $\varphi \in \mathscr{C}(X;E)$ appartienne à D si on a $\tilde{\varphi}(\beta X \setminus V) = \{0\}$. Il s'ensuit que $\beta X \setminus V$ est un compact et que $\varphi \in \mathscr{C}(X;E)$ appartient à D si on a $\tilde{\varphi}(W) = \{0\}$, où W désigne un voisinage de $\beta X \setminus V$. Par le théorème précédent, on obtient alors l'inclusion $\beta X \setminus V \supset K(D)$ et ainsi x n'appartient pas à K(D), ce qui suffit.

La condition est suffisante car si $x \in \beta X$ n'appartient pas à K(D), il admet un voisinage ouvert V dont l'adhérence est disjointe de K(D). De là, $\beta X \setminus \overline{V}^{\beta X}$ est un voisinage ouvert de K(D) et tout $\varphi \in \mathscr{C}(X;E)$ tel que $\tilde{\varphi}(\beta X \setminus \overline{V}^{\beta X}) = \{0\}$ appartient à D, vu le théorème précédent. C'est à fortiori vrai si $\tilde{\varphi}(\beta X \setminus V)$ est égal à $\{0\}$ car on a $\beta X \setminus V \supset \beta X \setminus \overline{V}^{\beta X}$. D'où la conclusion. □

PROPOSITION V.4.7. <u>Si</u> D <u>est une partie absolument convexe et bornivore de</u> $C_{P',s}(X;E)$, <u>alors</u> K(D) <u>est fini</u>.

<u>Preuve</u>. Supposons que K(D) ne soit pas fini. Par le lemme II.11.6, il existe alors une suite $x_n \in K(D)$ et une suite V_n de voisinages deux à deux disjoints des x_n. Par le lemme précédent, il existe ensuite une suite $\varphi_n \in \mathscr{C}(X;E)$ telle que $\varphi_n \notin nD$ et $\tilde{\varphi}_n(\beta X \setminus V_n) = \{0\}$. Comme les V_n sont deux à deux disjoints, cette suite φ_n est bornée dans $C_{P',s}(X;E)$. D'où une contradiction car D n'absorbe pas la suite φ_n. □

LEMME V.4.8. <u>Si</u> $D \subset \mathscr{C}(X;E)$ <u>est absolument convexe et absorbe tout borné de</u> $C_{P',s}(X;E)$ <u>qui est équicontinu dans</u> $\mathscr{C}(X;E)$, <u>alors, pour toute suite croissante d'ouverts</u> G_n <u>de</u> βX <u>recouvrant</u> X, <u>il existe</u> n_0 <u>tel que</u> $K(D) \subset \overline{G_{n_0}}^{\beta X}$.

Preuve. Vu le théorème V.4.4, il suffit de prouver qu'il existe n_o tel que $\varphi \in \mathscr{C}(X;E)$ appartienne à D si $\tilde{\varphi}$ est égal à 0 sur un voisinage de $\overline{G_{n_o}}^{\beta X}$.

Si ce n'est pas le cas, il existe une suite $\varphi_n \in \mathscr{C}(X;E)$ telle que, pour tout n, $\tilde{\varphi}_n$ soit égal à 0 sur un voisinage de $\overline{G_n}^{\beta X}$ et que φ_n n'appartienne pas à D. Mais alors, la suite $n\varphi_n$ est bornée dans $C_{P',s}(X;E)$ car, en un point de X, seul un nombre fini des φ_n peuvent différer de 0, est équicontinue dans $\mathscr{C}(X;E)$ et ne peut être absorbée par D. D'où une contradiction. □

PROPOSITION V.4.9. Si $D \subset \mathscr{C}(X;E)$ est absolument convexe et absorbe tout borné de $C_{P',s}(X;E)$ qui est équicontinu dans $\mathscr{C}(X;E)$, alors K(D) est inclus dans υX.

Preuve. Si ce n'est pas le cas, soit x un élément de

$$K(D) \cap (\beta X \setminus \upsilon X).$$

Vu le théorème II.2.5, il existe alors $f \in \mathscr{C}^b(X)$ dont le prolongement continu unique à βX est strictement positif sur υX et égal à 0 en x. Ainsi 1/f appartient à $\mathscr{C}(X)$ et si nous désignons par ψ le prolongement unique de 1/f de βX dans le compactifié d'Alexandrov de $\mathbb{R}$, les ensembles

$$G_n = \{y \in \beta X: \psi(y) < n\}$$

sont des ouverts croissant de βX et recouvrent X. Vu le lemme précédent, il existe alors n_o tel que $K(D) \subset \overline{G_{n_o}}^{\beta X}$. D'où une contradiction car x n'appartient pas à $\overline{G_{n_o}}^{\beta X}$. □

THEOREME V.4.10. Si D est une partie absolument convexe bornivore de $C_{P',s}(X;E)$, alors K(D) est une partie finie de υX.

Si, en outre, K(D) est inclus dans X et s'il existe $p \in P'$ et $r > 0$ tels que D contienne l'ensemble

$$\{\varphi \in \mathscr{C}(X;E): p[\varphi(x)] < r, \forall x \in X\},$$

alors on a

$$D \supset \{\varphi \in \mathscr{C}(X;E): p_{K(D)}(\varphi) < r\}$$

et D *est un voisinage de* 0 *dans* $C_{P',s}(X;E)$.

Preuve. La première partie de l'énoncé est une conséquence immédiate des propositions V.4.7 et V.4.9.

Passons à la deuxième partie de l'énoncé. Soit $\varphi \in \mathscr{C}(X;E)$ tel que $p_{K(D)}(\varphi) = r' < r$ et soit $r'' \in]r',r[$. La loi φ' définie sur X par

$$\varphi'(x) = \begin{cases} \varphi(x) & \text{si } p[\varphi(x)] \leq r'', \\ r'' \dfrac{\varphi(x)}{p[\varphi(x)]} & \text{sinon.} \end{cases}$$

appartient à $\mathscr{C}(X;E)$ comme on le vérifie directement et appartient même à $(r+r'')D/(2r'')$. De plus, $\varphi - \varphi'$ appartient à θD pour tout $\theta > 0$ car, vu la définition de φ', $(\varphi-\varphi')^{\sim}$ est égal à 0 identiquement sur un voisinage de K(D). D'où la conclusion. □

THEOREME V.4.11. *Si* $C_s(X)$ *est bornologique et si* (E,P') *est à semi-normes dénombrables, alors* $C_{P',s}(X;E)$ *est bornologique*.

En particulier, si $C_s(X)$ *est bornologique et si* E *est à semi-normes dénombrables, alors* $C_s(X;E)$ *est bornologique*.

Preuve. On sait que $C_s(X)$ est bornologique si et seulement si X est replet. Pour conclure au moyen du théorème précédent, il suffit donc d'établir que, pour toute partie absolument convexe et bornivore D de $C_{P',s}(X;E)$, il existe $p \in P'$ et $r > 0$ tels que

$$D \supset \{\varphi \in \mathscr{C}(X;E) : p[\varphi(x)] < r, \forall x \in X\}.$$

Si ce n'est pas le cas et si on a $P' = \{p_n : n \in \mathbb{N}\}$, alors, pour tout n, il existe $\varphi_n \in \mathscr{C}(X;E) \setminus D$ tel que

$$\sup_{x \in X} p_n[\varphi_n(x)] \leq \frac{1}{n}, \forall n.$$

Mais alors, la suite $n\varphi_n$ est bornée dans $C_{P',s}(X;E)$ car, pour tout nombre entier k et tout $x \in X$, on a

$$\sup_n p_k[n\varphi_n(x)] \leq \sup\left\{\sup_{n<k} p_k[n\varphi_n(x)], \sup_{n \geq k} p_n[n\varphi_n(x)]\right\}.$$

Cependant cette suite $n\varphi_n$ ne peut être absorbée par D. D'où une contradiction. □

THEOREME V.4.12. <u>Si</u> $C_s(X)$ <u>et</u> (E,P') <u>sont bornologiques et si tout point de</u> X <u>admet une base dénombrable de voisinages, alors</u> $C_{P',s}(X;E)$ <u>est bornologique. De plus, si</u> $C_s(X)$ <u>est bornologique et si tout point de</u> X <u>admet une base dénombrable de voisinages, l'espace bornologique associé à</u> $C_{P',s}(X;E)$ <u>est l'espace</u> $C_{P'_b}(X;E)$ <u>où</u> P'_b <u>désigne le système de semi-normes de l'espace bornologique associé à l'espace</u> (E,P').

<u>En particulier, si</u> $C_s(X)$ <u>et</u> E <u>sont bornologiques et si tout point de</u> X <u>admet une base dénombrable de voisinages, alors</u> $C_s(X;E)$ <u>est bornologique. De plus, si</u> $C_s(X)$ <u>est bornologique et si tout point de</u> X <u>admet une base dénombrable de voisinages, l'espace bornologique associé à l'espace</u> $C_s(X;E)$ <u>est l'espace</u> $C_{P_b,s}(X;E)$ <u>où</u> P_b <u>est le système de semi-normes de l'espace</u> E_b.

<u>Preuve</u>. Vu le théorème V.3.1, $C_{P',s}(X;E)$ est déjà un espace de Mackey. Pour établir la première partie de l'énoncé, il suffit donc de prouver que $C_{P',s}(X;E)^*$ est complet pour la topologie τ_{c_0} de la convergence uniforme sur les suites $\varphi_n \in \mathscr{C}(X;E)$ pour lesquelles il existe une suite $r_n \in \mathbb{R}$, $r_n \uparrow +\infty$, telle que $r_n\varphi_n$ converge vers 0 dans $C_{P',s}(X;E)$.

Soit $\pi_\alpha \in C_{P',s}(X;E)^*$ une suite généralisée de Cauchy pour la topologie τ_{c_0}. Bien sûr, pour tout $\varphi \in \mathscr{C}(X;E)$, la suite généralisée $\pi_\alpha(\varphi)$ converge; soit $\pi(\varphi)$ sa limite : π apparait comme étant une fonctionnelle linéaire et bornée sur les bornés de $C_{P',s}(X;E)$. Prouvons que π est continu sur $C_{P',s}(X;E)$.

Etablissons tout d'abord que $\pi(\varphi)$ est égal à 0 pour tout $\varphi \in \mathscr{C}(X;E)$ nul sur l'appui $K(\pi^\nabla)$ de l'antipolaire π^∇ de π dans $\mathscr{C}(X;E)$. Soit donc $\varphi \in \mathscr{C}(X;E)$ nul sur $K(\pi^\nabla)$. Comme π^∇ est absolument convexe et bornivore, vu le théorème V.4.10, cet ensemble $K(\pi^\nabla)$ est fini et inclus dans υX, donc dans X car, $C_s(X)$ étant bornologique, X est replet. Comme tout point de X admet une base dénombrable de voisinages, il existe une suite G_n d'ouverts de X, emboités en décroissant et tels que $\bigcap_{n=1}^{\infty} G_n = K(\pi^\nabla)$. Cela étant, il existe une suite $f_n \in \mathscr{C}(X)$

telle que

$$0 \leq f_n \leq 1 \quad \text{et} \quad [f_n] \subset G_n, \forall n,$$

et que chaque f_n soit égal à 1 sur un voisinage de $K(\pi^\nabla)$. Cela étant, la suite $nf_n\varphi$ converge vers 0 dans $C_{P',s}(X;E)$ car, en tout point de $X \setminus K(\pi^\nabla)$, seul un nombre fini des f_n diffèrent de 0. On en déduit que

$$\sup_n |\pi_\alpha(f_n\varphi) - \pi(f_n\varphi)| \to 0.$$

Mais, comme pour tout n, $f_n\varphi$ est égal à φ sur un voisinage de $K(\pi^\nabla)$, on a $\pi(f_n\varphi - \varphi) = 0$ pour tout n, vu le théorème V.4.4. Ainsi, il vient

$$\sup_n |\pi_\alpha(f_n\varphi) - \pi(\varphi)| \to 0.$$

Soit alors $\varepsilon > 0$ un nombre fixé. Il existe ainsi α_o tel que

$$\sup_n |\pi_\alpha(f_n\varphi) - \pi(\varphi)| \leq \frac{\varepsilon}{2}, \forall \alpha \geq \alpha_o.$$

Mais, pour un tel $\alpha \geq \alpha_o$, il existe un entier n tel que $|\pi_\alpha(f_n\varphi)| \leq \varepsilon/2$ car la suite $f_n\varphi$ converge vers 0 dans $C_{P',s}(X;E)$. Il s'ensuit qu'on a $|\pi(\varphi)| \leq \varepsilon$. D'où la conclusion.

Cela étant, nous pouvons définir une fonctionnelle τ sur l'espace bornologique $\prod_{x \in K(\pi^\nabla)} (E,P')$ par

$$\tau(f) = \pi(\varphi), \forall f \in \prod_{x \in K(\pi^\nabla)} (E,P')$$

si $\varphi \in \mathscr{C}(X;E)$ est tel que

$$f(x) = \varphi(x), \forall x \in K(\pi^\nabla).$$

De plus, cette fonctionnelle est visiblement linéaire et elle est même continue sur $\prod_{x \in K(\pi^\nabla)} (E,P')$ car bornée sur les bornés de cet espace. Il s'ensuit qu'il existe des $\tau_x \in (E,P')^*$, $[x \in K(\pi^\nabla)]$, tels que

$$\tau(f) = \sum_{x \in K(\pi^\nabla)} \tau_x[f(x)], \forall f \in \prod_{x \in K(\pi^\nabla)} (E,P').$$

D'où la conclusion, vu la définition de τ.

Passons à présent aux considérations portant sur l'espace bornologique associé. D'une part, l'espace $C_{P'_b,s}(X;E)$ est bornologique vu ce qui précède et a un système de semi-normes plus fort que celui de $C_{P',s}(X;E)$ car P'_b est plus fort que P'. D'autre part, si $[C(X;E),P'']$ est l'espace bornologique associé à $C_{P',s}(X;E)$, pour tout $p' \in P'$ et tout $x \in X$, il existe $p'' \in P''$ et $C > 0$ tels que

$$p'[\varphi(x)] \leq C\, p''(\varphi),\ \forall \varphi \in \mathscr{C}(X;E),$$

donc tel que

$$p'[\varphi(x)] \leq C\, p''[1\varphi(x)],\ \forall \varphi \in \mathscr{C}(X;E),$$

car on a même

$$p'[\varphi(x)] \leq C \inf\{p''(\varphi'):\ \varphi' \in \mathscr{C}(X;E),\ \varphi'(x) = \varphi(x)\}.$$

Si on appelle P''' le système de semi-normes sur E obtenu en considérant les semi-normes p''' définie sur E par

$$p'''(e) = p''(1e),\ \forall e \in E,\ (p'' \in P''),$$

il s'ensuit que P''' est un système de semi-normes plus fort que P'. De plus, on vérifie comme dans la nécessité de la preuve du théorème V.3.1 que l'espace (E,P''') est de Mackey. Enfin, on voit aisément que toute fonctionnelle linéaire et bornée sur les bornés de (E,P'''), c'est-à-dire sur les bornés de (E,P') est continue sur (E,P'''). Au total, (E,P''') est un espace bornologique et P''' doit être plus fort que P'_b. D'où la conclusion. $\square$

BIBLIOGRAPHIE

[1] N. BOURBAKI, Eléments de Mathématique. Livre III. Topologie générale, Actualités Scient. et Ind. 1142, Hermann, Paris, 3e éd. (1961); ibid. 1143, 3e éd. (1960); ibid. 1045, 2e éd. (1958); ibid. 1084, 2e éd. (1961).

[2] N. BOURBAKI, Eléments de Mathématique. Livre V. Espaces vectoriels topologiques, ibid. 1189 (1953).

[3] H. BUCHWALTER, Problèmes de complétion topologique, D.E.A., Math. Pures, Ed. ronéotypée, Lyon, (1969-1970).

[4] H. BUCHWALTER, Parties bornées d'un espace topologique complètement régulier, Séminaire Choquet 9 (1969-1970), n° 14, 15 pages.

[5] H. BUCHWALTER, Sur le théorème de Nachbin-Shirota, J. Math. Pures et Appl. 51 (1972), 399-418.
Voir aussi : C.R. Acad. Sc. Paris 273A (1971), 145-147.
C.R. Acad. Sc. Paris 273A (1971), 228-231.

[6] H. BUCHWALTER-K.NOUREDDINE, Topologies localement convexes sur les espaces de fonctions continues, C.R. Acad. Sc. Paris 274A (1972), 1931-1934.

[7] H. BUCHWALTER-J.SCHMETS, Sur quelques propriétés de l'espace $C_s(T)$, J. Math. Pures et Appl. 52 (1973), 337-352.
Voir aussi : C.R. Acad. Sc. Paris 274A (1972), 1300-1303.

[8] R.C. BUCK, Bounded continuous functions on a locally compact space, Michigan Math. J. 5 (1958), 95-104.

[9] E. ČECH, On bicompact spaces, Ann. of Math. 38 (1937), 823-844.

[10] M. DE WILDE, Réseaux dans les espaces linéaires à semi-normes, Mém. Soc. Roy. Sc. Liège, XVIII/2 (1969).

[11] M. DE WILDE, Various types of barrelledness and increasing sequences of balanced and convex sets in locally convex spaces, Lecture Notes in Math. 331 : Summer School on T.V.S. (1974), 211-217.

[12] M. DE WILDE, Pointwise compactness in spaces of functions and weak compactness in locally convex spaces, Sém. An. Fonct. Univ. Liège et Actes Cours d'été Univ. Libanaise, (1973).

[13] M. DE WILDE - C. HOUET, On increasing sequences of absolutely convex sets in locally convex spaces, Math. Ann. 192 (1971), 257-261.

[14] M. DE WILDE - J. SCHMETS, Caractérisation des espaces C(X) ultrabornologiques, Bull. Soc. Roy. Sc. Liège 40 (1971), 119-121.

[15] M. DE WILDE - J. SCHMETS, Locally convex topologies strictly finer than a given topology and preserving barrelledness or similar properties, Bull. Soc. Roy. Sc. Liège 41 (1972), 268-271.

[16] R. ENGELKING, Outline of general topology, North Holland, Amsterdam, (1968).

[17] H.G. GARNIR - M. DE WILDE - J. SCHMETS, Analyse fonctionnelle, I, Birkhäuser Verlag, Basel, (1968); II, ibid., (1972); III, ibid., (1973).

[18] L. GILLMAN - M. JERISON, Rings of continuous functions, Van Nostrand, Princeton, N.J., (1960).

[19] A. GROTHENDIECK, Critères de compacité dans les espaces fonctionnels généraux, Amer. J. Math. 74 (1952), 168-186.

[20] A. GROTHENDIECK, Espaces vectoriels topologiques, 2e éd. Soc. de Mat. de Saõ Paulo, Saõ Paulo, (1958).

[21] D. GULICK, The σ-compact convergence and its relatives, Math. Scand., 30 (1972), 159-176.

[22] D. GULICK - J. SCHMETS, Separability and semi-norm separability for spaces of bounded continuous functions, Bull. Soc. Royale Sc. Liège, 41 (1972), 254-260.

[23] R. HAYDON, Trois exemples dans la théorie des espaces de fonctions continues, C.R. Acad. Sc. Paris 276A (1973), 685-687.

[24] R. HAYDON, Compactness in $C_s(T)$ and applications, Publ. Dépt. Math. Univ. Lyon 9 (1972), 105-113.

[25] E. HEWITT, Rings of real-valued continuous functions, Trans. Amer. Math. Soc. 64 (1948), 45-99.

[26] J. HOFFMANN - JØRGENSEN, A generalization of the strict topology, Math. Scand. 30 (1972), 313-323.

[27] J. HORVATH, Topological vector spaces, I, Addison-Wesley, (1966).

[28] T. HUSAIN, Two new classes of locally convex spaces, Math. Ann. 166 (1966), 289-299.

[29] S. KAKUTANI, Concrete representation of abstract (M)-spaces (A characterization of the space of continuous functions), Ann. of Math. (2) 42 (1941), 994-1024.

[30] Y. KOMURA, On linear topological spaces, Kumamoto J. of Sc., 5A (1962), 148-157.

[31] G. KOETHE, Topologische lineare Räume, I, Springer, (1960).

[32] M. KREIN - S. KREIN, On an inner characteristic of the set of all continuous functions defined on a bicompact Hausdorff space, Doklady Acad. Nauk. URSS 27 (1940), 427-430.

[33] M. LEVIN - S. SAXON, A note on the inheritance of properties of locally convex spaces by subspaces of countable codimension, Proc. Amer. Math. Soc. 29 (1971), 97-102.

[34] P.D. MORRIS - D.E. WULBERT, Functional representation of topological algebras, Pac. J. Math. 22 (1967), 323-337.

[35] L. NACHBIN, Topological vector spaces of continuous functions, Proc. Nat. Acad. U.S.A. 40 (1954), 471-474.

[36] K. NOUREDDINE, L'espace infratonnelé associé à un espace localement convexe, C.R. Acad. Sc. Paris 174A (1972), 1821-1823.

[37] K. NOUREDDINE - J. SCHMETS, Espaces associés à un espace localement convexe et espaces de fonctions continues, Bull. Soc. Roy. Sc. Liège 42 (1973), 116-124.

[38] A. ROBERT, Sur quelques questions d'espaces vectoriels topologiques, Comment. Math. Helvet. 42 (1967), 314-342.

[39] H. SCHAEFER, Topological vector spaces, Springer, 3e éd., (1970).

[40] J. SCHMETS, Espaces C(X) évaluable, infra-évaluable et σ-évaluable, Bull. Soc. Roy. Sc. Liège 40 (1971), 122-126.

[41] J. SCHMETS, Espaces C(X) tonnelé, infratonnelé et σ-tonnelé, Bull. Soc. Math. de France 31-32 (1972), 351-355.

[42] J. SCHMETS, Indépendance des propriétés de tonnelage et d'évaluabilité affaiblis, Bull. Soc. Roy. Sc. Liège 42 (1973), 111-115.

[43] J. SCHMETS, Espaces associés aux espaces linéaires à semi-normes des fonctions continues et bornées sur un espace complètement régulier et séparé, 2e Coll. An. Fonct. Bordeaux 1973, Publ. Dépt. Math. Univ. Lyon 10 (1973), 313-328.

[44] J. SCHMETS, Espaces associés à un espace linéaire à semi-normes. Application aux espaces de fonctions continues, Sém. An. Fonct. Univ. Liège et Actes Cours Eté Univ. Libanaise, (1973).

[45] J. SCHMETS, Separability for semi-norms on spaces of bounded continuous functions, J. London Math. Soc. (à paraître).

[46] J. SCHMETS, Spaces associated to spaces of continuous functions, Math. Ann. 214 (1975), 61-72.

[47] J. SCHMETS, Weak and simple compactnesses in spaces of continuous functions, Bonner Math. Schriften (à paraître).

[48] J. SCHMETS - J. ZAFARANI, Topologie stricte faible et mesures discrètes, Bull. Soc. Roy. Sc. Liège, 43 (1974), 405-418.

[49] Z. SEMADENI, Banach spaces of continuous functions, I, P.W.N. (1971).

[50] F.D. SENTILLES, Bounded continuous functions on a completely regular space, Trans. Amer. Math. Soc. 168 (1972), 311-336.

[51] T. SHIROTA, On locally convex vector spaces of continuous functions. Proc. Japan Acad., 30 (1954), 294-298.

[52] W.H. SUMMERS, Separability in the strict and substrict topologies, Proc. Amer. Math. Soc. 35 (1972), 507-514.

[53] I. TWEDDLE, Some results involving weak compactness in C(X), C(υX) and C(X)', Proc. Edinburgh Math. Soc. 19 (1975), 221-230.

[54] M. VALDIVIA, A hereditary property in locally convex spaces, Ann. Inst. Fourier 21 (1971), 1-2.

[55] M. VALDIVIA, A note on locally convex spaces, Math. Ann. 201 (1973), 145-148.

[56] A.C.M. VAN ROOIJ, Tight functionals and the strict topology, Kyungpook Math. J. (1967), 41-43.

[57] G. VIDOSSICH, Caracterizing separability of function spaces, Inventiones Math. 10 (1970), 205-208.

[58] S. WARNER, The topology of compact convergence on continuous function spaces. Duke Math. J., 25 (1958), 265-282.

LISTE DES SYMBOLES

INDEX TERMINOLOGIQUE

Vol. 399: Functional Analysis and its Applications. Proceedings 1973. Edited by H. G. Garnir, K. R. Unni and J. H. Williamson. II, 584 pages. 1974.

Vol. 400: A Crash Course on Kleinian Groups. Proceedings 1974. Edited by L. Bers and I. Kra. VII, 130 pages. 1974.

Vol. 401: M. F. Atiyah, Elliptic Operators and Compact Groups. V, 93 pages. 1974.

Vol. 402: M. Waldschmidt, Nombres Transcendants. VIII, 277 pages. 1974.

Vol. 403: Combinatorial Mathematics. Proceedings 1972. Edited by D. A. Holton. VIII, 148 pages. 1974.

Vol. 404: Théorie du Potentiel et Analyse Harmonique. Edité par J. Faraut. V, 245 pages. 1974.

Vol. 405: K. J. Devlin and H. Johnsbråten, The Souslin Problem. VIII, 132 pages. 1974.

Vol. 406: Graphs and Combinatorics. Proceedings 1973. Edited by R. A. Bari and F. Harary. VIII, 355 pages. 1974.

Vol. 407: P. Berthelot, Cohomologie Cristalline des Schémas de Caracteristique p > o. II, 604 pages. 1974.

Vol. 408: J. Wermer, Potential Theory. VIII, 146 pages. 1974.

Vol. 409: Fonctions de Plusieurs Variables Complexes, Séminaire François Norguet 1970–1973. XIII, 612 pages. 1974.

Vol. 410: Séminaire Pierre Lelong (Analyse) Année 1972–1973. VI, 181 pages. 1974.

Vol. 411: Hypergraph Seminar. Ohio State University, 1972. Edited by C. Berge and D. Ray-Chaudhuri. IX, 287 pages. 1974.

Vol. 412: Classification of Algebraic Varieties and Compact Complex Manifolds. Proceedings 1974. Edited by H. Popp. V, 333 pages. 1974.

Vol. 413: M. Bruneau, Variation Totale d'une Fonction. XIV, 332 pages. 1974.

Vol. 414: T. Kambayashi, M. Miyanishi and M. Takeuchi, Unipotent Algebraic Groups. VI, 165 pages. 1974.

Vol. 415: Ordinary and Partial Differential Equations. Proceedings 1974. XVII, 447 pages. 1974.

Vol. 416: M. E. Taylor, Pseudo Differential Operators. IV, 155 pages. 1974.

Vol. 417: H. H. Keller, Differential Calculus in Locally Convex Spaces. XVI, 131 pages. 1974.

Vol. 418: Localization in Group Theory and Homotopy Theory and Related Topics. Battelle Seattle 1974 Seminar. Edited by P. J. Hilton. VI, 172 pages 1974.

Vol. 419: Topics in Analysis. Proceedings 1970. Edited by O. E. Lehto, I. S. Louhivaara, and R. H. Nevanlinna. XIII, 392 pages. 1974.

Vol. 420: Category Seminar. Proceedings 1972/73. Edited by G. M. Kelly. VI, 375 pages. 1974.

Vol. 421: V. Poénaru, Groupes Discrets. VI, 216 pages. 1974.

Vol. 422: J.-M. Lemaire, Algèbres Connexes et Homologie des Espaces de Lacets. XIV, 133 pages. 1974.

Vol. 423: S. S. Abhyankar and A. M. Sathaye, Geometric Theory of Algebraic Space Curves. XIV, 302 pages. 1974.

Vol. 424: L. Weiss and J. Wolfowitz, Maximum Probability Estimators and Related Topics. V, 106 pages. 1974.

Vol. 425: P. R. Chernoff and J. E. Marsden, Properties of Infinite Dimensional Hamiltonian Systems. IV, 160 pages. 1974.

Vol. 426: M. L. Silverstein, Symmetric Markov Processes. X, 287 pages. 1974.

Vol. 427: H. Omori, Infinite Dimensional Lie Transformation Groups. XII, 149 pages. 1974.

Vol. 428: Algebraic and Geometrical Methods in Topology, Proceedings 1973. Edited by L. F. McAuley. XI, 280 pages. 1974.

Vol. 429: L. Cohn, Analytic Theory of the Harish-Chandra C-Function. III, 154 pages. 1974.

Vol. 430: Constructive and Computational Methods for Differential and Integral Equations. Proceedings 1974. Edited by D. L. Colton and R. P. Gilbert. VII, 476 pages. 1974.

Vol. 431: Séminaire Bourbaki – vol. 1973/74. Exposés 436–452. IV, 347 pages. 1975.

Vol. 432: R. P. Pflug, Holomorphiegebiete, pseudokonvexe Gebiete und das Levi-Problem. VI, 210 Seiten. 1975.

Vol. 433: W. G. Faris, Self-Adjoint Operators. VII, 115 pages. 1975.

Vol. 434: P. Brenner, V. Thomée, and L. B. Wahlbin, Besov Spaces and Applications to Difference Methods for Initial Value Problems. II, 154 pages. 1975.

Vol. 435: C. F. Dunkl and D. E. Ramirez, Representations of Commutative Semitopological Semigroups. VI, 181 pages. 1975.

Vol. 436: L. Auslander and R. Tolimieri, Abelian Harmonic Analysis, Theta Functions and Function Algebras on a Nilmanifold. V, 99 pages. 1975.

Vol. 437: D. W. Masser, Elliptic Functions and Transcendence. XIV, 143 pages. 1975.

Vol. 438: Geometric Topology. Proceedings 1974. Edited by L. C. Glaser and T. B. Rushing. X, 459 pages. 1975.

Vol. 439: K. Ueno, Classification Theory of Algebraic Varieties and Compact Complex Spaces. XIX, 278 pages. 1975

Vol. 440: R. K. Getoor, Markov Processes: Ray Processes and Right Processes. V, 118 pages. 1975.

Vol. 441: N. Jacobson, PI-Algebras. An Introduction. V, 115 pages. 1975.

Vol. 442: C. H. Wilcox, Scattering Theory for the d'Alembert Equation in Exterior Domains. III, 184 pages. 1975.

Vol. 443: M. Lazard, Commutative Formal Groups. II, 236 pages. 1975.

Vol. 444: F. van Oystaeyen, Prime Spectra in Non-Commutative Algebra. V, 128 pages. 1975.

Vol. 445: Model Theory and Topoi. Edited by F. W. Lawvere, C. Maurer, and G. C. Wraith. III, 354 pages. 1975.

Vol. 446: Partial Differential Equations and Related Topics. Proceedings 1974. Edited by J. A. Goldstein. IV, 389 pages. 1975.

Vol. 447: S. Toledo, Tableau Systems for First Order Number Theory and Certain Higher Order Theories. III, 339 pages. 1975.

Vol. 448: Spectral Theory and Differential Equations. Proceedings 1974. Edited by W. N. Everitt. XII, 321 pages. 1975.

Vol. 449: Hyperfunctions and Theoretical Physics. Proceedings 1973. Edited by F. Pham. IV, 218 pages. 1975.

Vol. 450: Algebra and Logic. Proceedings 1974. Edited by J. N. Crossley. VIII, 307 pages. 1975.

Vol. 451: Probabilistic Methods in Differential Equations. Proceedings 1974. Edited by M. A. Pinsky. VII, 162 pages. 1975.

Vol. 452: Combinatorial Mathematics III. Proceedings 1974. Edited by Anne Penfold Street and W. D. Wallis. IX, 233 pages. 1975.

Vol. 453: Logic Colloquium. Symposium on Logic Held at Boston, 1972–73. Edited by R. Parikh. IV, 251 pages. 1975.

Vol. 454: J. Hirschfeld and W. H. Wheeler, Forcing, Arithmetic, Division Rings. VII, 266 pages. 1975.

Vol. 455: H. Kraft, Kommutative algebraische Gruppen und Ringe. III, 163 Seiten. 1975.

Vol. 456: R. M. Fossum, P. A. Griffith, and I. Reiten, Trivial Extensions of Abelian Categories. Homological Algebra of Trivial Extensions of Abelian Categories with Applications to Ring Theory. XI, 122 pages. 1975.

Vol. 457: Fractional Calculus and Its Applications. Proceedings 1974. Edited by B. Ross. VI, 381 pages. 1975.

Vol. 458: P. Walters, Ergodic Theory – Introductory Lectures. VI, 198 pages. 1975.

Vol. 459: Fourier Integral Operators and Partial Differential Equations. Proceedings 1974. Edited by J. Chazarain. VI, 372 pages. 1975.

Vol. 460: O. Loos, Jordan Pairs. XVI, 218 pages. 1975.

Vol. 461: Computational Mechanics. Proceedings 1974. Edited by J. T. Oden. VII, 328 pages. 1975.

Vol. 462: P. Gérardin, Construction de Séries Discrètes p-adiques. »Sur les séries discrètes non ramifiées des groupes réductifs déployés p-adiques«. III, 180 pages. 1975.

Vol. 463: H.-H. Kuo, Gaussian Measures in Banach Spaces. VI, 224 pages. 1975.

Vol. 464: C. Rockland, Hypoellipticity and Eigenvalue Asymptotics. III, 171 pages. 1975.

Vol. 465: Séminaire de Probabilités IX. Proceedings 1973/74. Edité par P. A. Meyer. IV, 589 pages. 1975.

Vol. 466: Non-Commutative Harmonic Analysis. Proceedings 1974. Edited by J. Carmona, J. Dixmier and M. Vergne. VI, 231 pages. 1975.

Vol. 467: M. R. Essén, The Cos $\pi\lambda$ Theorem. With a paper by Christer Borell. VII, 112 pages. 1975.

Vol. 468: Dynamical Systems – Warwick 1974. Proceedings 1973/74. Edited by A. Manning. X, 405 pages. 1975.

Vol. 469: E. Binz, Continuous Convergence on C(X). IX, 140 pages. 1975.

Vol. 470: R. Bowen, Equilibrium States and the Ergodic Theory of Anosov Diffeomorphisms. III, 108 pages. 1975.

Vol. 471: R. S. Hamilton, Harmonic Maps of Manifolds with Boundary. III, 168 pages. 1975.

Vol. 472: Probability-Winter School. Proceedings 1975. Edited by Z. Ciesielski, K. Urbanik, and W. A. Woyczyński. VI, 283 pages. 1975.

Vol. 473: D. Burghelea, R. Lashof, and M. Rothenberg, Groups of Automorphisms of Manifolds. (with an appendix by E. Pedersen) VII, 156 pages. 1975.

Vol. 474: Séminaire Pierre Lelong (Analyse) Année 1973/74. Edité par P. Lelong. VI, 182 pages. 1975.

Vol. 475: Répartition Modulo 1. Actes du Colloque de Marseille-Luminy, 4 au 7 Juin 1974. Edité par G. Rauzy. V, 258 pages. 1975. 1975.

Vol. 476: Modular Functions of One Variable IV. Proceedings 1972. Edited by B. J. Birch and W. Kuyk. V, 151 pages. 1975.

Vol. 477: Optimization and Optimal Control. Proceedings 1974. Edited by R. Bulirsch, W. Oettli, and J. Stoer. VII, 294 pages. 1975.

Vol. 478: G. Schober, Univalent Functions – Selected Topics. V, 200 pages. 1975.

Vol. 479: S. D. Fisher and J. W. Jerome, Minimum Norm Extremals in Function Spaces. With Applications to Classical and Modern Analysis. VIII, 209 pages. 1975.

Vol. 480: X. M. Fernique, J. P. Conze et J. Gani, Ecole d'Eté de Probabilités de Saint-Flour IV–1974. Edité par P.-L. Hennequin. XI, 293 pages. 1975.

Vol. 481: M. de Guzmán, Differentiation of Integrals in R^n. XII, 226 pages. 1975.

Vol. 482: Fonctions de Plusieurs Variables Complexes II. Séminaire François Norguet 1974–1975. IX, 367 pages. 1975.

Vol. 483: R. D. M. Accola, Riemann Surfaces, Theta Functions, and Abelian Automorphisms Groups. III, 105 pages. 1975.

Vol. 484: Differential Topology and Geometry. Proceedings 1974. Edited by G. P. Joubert, R. P. Moussu, and R. H. Roussarie. IX, 287 pages. 1975.

Vol. 485: J. Diestel, Geometry of Banach Spaces – Selected Topics. XI, 282 pages. 1975.

Vol. 486: S. Stratila and D. Voiculescu, Representations of AF-Algebras and of the Group $U(\infty)$. IX, 169 pages. 1975.

Vol. 487: H. M. Reimann und T. Rychener, Funktionen beschränkter mittlerer Oszillation. VI, 141 Seiten. 1975.

Vol. 488: Representations of Algebras, Ottawa 1974. Proceedings 1974. Edited by V. Dlab and P. Gabriel. XII, 378 pages. 1975.

Vol. 489: J. Bair and R. Fourneau, Etude Géométrique des Espaces Vectoriels. Une Introduction. VII, 185 pages. 1975.

Vol. 490: The Geometry of Metric and Linear Spaces. Proceedings 1974. Edited by L. M. Kelly. X, 244 pages. 1975.

Vol. 491: K. A. Broughan, Invariants for Real-Generated Uniform Topological and Algebraic Categories. X, 197 pages. 1975.

Vol. 492: Infinitary Logic: In Memoriam Carol Karp. Edited by D. W. Kueker. VI, 206 pages. 1975.

Vol. 493: F. W. Kamber and P. Tondeur, Foliated Bundles and Characteristic Classes. XIII, 208 pages. 1975.

Vol. 494: A Cornea and G. Licea. Order and Potential Resolvent Families of Kernels. IV, 154 pages. 1975.

Vol. 495: A. Kerber, Representations of Permutation Groups II. V, 175 pages. 1975.

Vol. 496: L. H. Hodgkin and V. P. Snaith, Topics in K-Theory. Two Independent Contributions. III, 294 pages. 1975.

Vol. 497: Analyse Harmonique sur les Groupes de Lie. Proceedings 1973–75. Edité par P. Eymard et al. VI, 710 pages. 1975.

Vol. 498: Model Theory and Algebra. A Memorial Tribute to Abraham Robinson. Edited by D. H. Saracino and V. B. Weispfenning. X, 463 pages. 1975.

Vol. 499: Logic Conference, Kiel 1974. Proceedings. Edited by G. H. Müller, A. Oberschelp, and K. Potthoff. V, 651 pages 1975.

Vol. 500: Proof Theory Symposion, Kiel 1974. Proceedings. Edited by J. Diller and G. H. Müller. VIII, 383 pages. 1975.

Vol. 501: Spline Functions, Karlsruhe 1975. Proceedings. Edited by K. Böhmer, G. Meinardus, and W. Schempp. VI, 421 pages. 1976.

Vol. 502: János Galambos, Representations of Real Numbers by Infinite Series. VI, 146 pages. 1976.

Vol. 503: Applications of Methods of Functional Analysis to Problems in Mechanics. Proceedings 1975. Edited by P. Germain and B. Nayroles. XIX, 531 pages. 1976.

Vol. 504: S. Lang and H. F. Trotter, Frobenius Distributions in GL_2-Extensions. III, 274 pages. 1976.

Vol. 505: Advances in Complex Function Theory. Proceedings 1973/74. Edited by W. E. Kirwan and L. Zalcman. VIII, 203 pages. 1976.

Vol. 506: Numerical Analysis, Dundee 1975. Proceedings. Edited by G. A. Watson. X, 201 pages. 1976.

Vol. 507: M. C. Reed, Abstract Non-Linear Wave Equations. VI, 128 pages. 1976.

Vol. 508: E. Seneta, Regularly Varying Functions. V, 112 pages. 1976.

Vol. 509: D. E. Blair, Contact Manifolds in Riemannian Geometry. VI, 146 pages. 1976.

Vol. 510: V. Poènaru, Singularités C^∞ en Présence de Symétrie. V, 174 pages. 1976.

Vol. 511: Séminaire de Probabilités X. Proceedings 1974/75. Edité par P. A. Meyer. VI, 593 pages. 1976.

Vol. 512: Spaces of Analytic Functions, Kristiansand, Norway 1975. Proceedings. Edited by O. B. Bekken, B. K. Øksendal, and A. Stray. VIII, 204 pages. 1976.

Vol. 513: R. B. Warfield, Jr. Nilpotent Groups. VIII, 115 pages. 1976.

Vol. 514: Séminaire Bourbaki vol. 1974/75. Exposés 453 – 470. IV, 276 pages. 1976.

Vol. 515: Bäcklund Transformations. Nashville, Tennessee 1974. Proceedings. Edited by R. M. Miura. VIII, 295 pages. 1976.

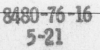